Nobel Prizes
in Chemistry

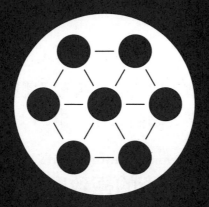

21世紀
諾貝爾化學獎
2001→2021

科學月刊社／著

目次
Contents

序

文｜曾耀寰

距離上一次《科學月刊》的諾貝爾獎套書，已匆匆七年，世人常戲稱七年之癢，我們科學月刊社總也得來點什麼。

《科學月刊》創刊超過五十年，上回諾貝爾獎套書集結2005年到2015年發布的諾貝爾獎物理、化學和生醫三獎，編成三本品質精良、設計優美的合籍。眾所皆知，諾貝爾獎是全世界科學的桂冠，由諾貝爾先生所創立，第一次頒發於1901年，每年歲末都會公布各獎項，《科學月刊》自1973年以來，也都定時邀請國內相關領域的專家學者，將第一手資料介紹給廣大讀者。自1992年，更以專輯形式，於每年12月出刊，長久逐漸累積的文章，足以定期專書的形式出刊。

《科學月刊》有經濟科學（Economical Sciences）的文章？這可能令一般人感到訝異，經濟不就是算算錢，怎有科學？算錢也不就是個數數，最多和數學相關，但若細思，經濟的功能，如科學一樣，深入人類的生活，而經濟活動的興衰與否，也和科學一般影響人類生活和生存，並且經濟不僅是算算錢，經濟學也是門科學，自1968年開始，也新增了諾貝爾經濟科學獎。

科學講究的是要有理論、要能解釋以往發生的事，並且要能預測將會發生的事，可以實質比較驗證。就這個標準，現在的經濟學已能作到，

例如2013年諾貝爾經濟科學獎發給了「因在資產價格走勢的實證研究上有卓越貢獻」的三位學者；其中一位是芝加哥大學的法瑪（Eugene F. Fama），其主要貢獻之一是「發展及完善了效率市場假說」。效率市場假說和實證研究都可以看出經濟學是一門科學。

　　以科學月刊多年累積的份量，這次由鷹出版將2001年至2021年的三個諾貝爾獎項，再加上諾貝爾經濟科學獎，以加倍（年份加倍）、超值（增加經濟獎）的內容，宴饗大眾，值得購買珍藏。

曾耀寰：科學月刊社理事長

導讀
對諾貝爾化學獎近年現象的觀察

文｜牟中原

　　《科學月刊》與鷹出版合作推出諾貝爾獎套書，本次套書涵蓋了2001～2021年科月的諾貝爾獎科普文章。這在科普界是個很有意義的事，《科學月刊》囑咐我利用這機會寫一些諾貝爾化學獎自21世紀以來的「演變、發展到近年頒獎趨勢，以及所代表的意義」。短短篇幅，當然寫不出這麼多宏大的論點，只能在此做一些觀察，既非演變也不能說趨勢。

　　第一個諾貝爾獎是在將近兩甲子前頒發的，百年以來科學和社會發生了很大的變化。在本文中，我要討論兩個最明顯的近年現象：一、諾貝爾化學獎怎麼變成了諾貝爾化學及生命科學獎——儘管正式名稱還是諾貝爾化學獎。二、性平等與諾貝爾化學獎。

◉ 一、化學和生物化學是相同的學科還是不同的學科？

　　每年10月初諾貝爾獎公布時，總會引起化學系同事的注意，但近年來遇到他們時越來越常聽見：「什麼，又一個諾貝爾化學獎給了非化學家？」事實上，本世記以來二十一次當中有十二次半的諾貝爾化學獎頒給了生命科學領域，一些諾貝爾化學獎看起來更像生理學或醫學獎。即

便一些正統化學的研究對生物醫學應用也是非常巨大的。例如2002諾貝爾化學獎的半數獎金（不算在十二次半中），頒給了使用質譜分析蛋白質的兩位科學家：開發介質輔助雷射脫附法的田中耕一以及提出電灑法的費恩。這研究結果促使生物樣本的分析有了巨大進步，今天有很多公司都是利用這質譜分析去檢驗血液樣本。又如2021年諾貝爾化學獎，由德國化學家本亞明・利斯特（Benjamin List）與來自蘇格蘭的美國學著大衛・麥克米倫（David W.C. MacMillan）獲得，表彰兩人在構建分子領域的貢獻，促成開發新一類催化劑「不對稱有機催化劑」。這類催化劑在製藥上有最大的應用。如果你看一下過去諾貝爾生醫獎，幾乎完全代表生命科學領域的主題（除了1962 Watson, Crick and Wilkins）而非物理或化學。相比之下，在最近的過去，諾貝爾化學獎有時表彰了科學家在化學方面的影響，但更多時候是表彰對生命科學的影響。這些反映一個現實：化學獎越來越移向生命科學領域。這是怎麼回事？

本來，生命科學的研究就一直是化學家著迷的問題，例如拉瓦錫對呼吸和發酵很有興趣；Berzelius分析了動物分泌的固體和液體；Liebig創造新陳代謝理論；Bouchner展示了細胞內容物如何負責發酵，酶定位於生物化學的核心；Fischer使用酶來降解糖和研究肽和蛋白質。這些化學家都是生物化學的先驅。在20世紀初，化學和生物化學在早期是密切相關的，但隨著時間的推移，兩者越發明顯分離。21世紀最先進的生物化學，幾乎不與21世紀最先進的化學知識重疊。事實上，早在我念研究所時的1970年代，生物化學就已融入了醫學院，反而在化學系幾乎成為點綴。

化學是對物質的研究，分析其結構、性質和變化，以瞭解它們在化學反應中發生什麼事。因此，它可以被視為物理科學的一個分支，與天

文學、物理學和地球科學並列。化學的一個重要領域是瞭解原子、分子，以及決定它們如何反應的因素。反應性通常主要由繞原子、分子運行的電子，以及這些電子交換和共享以產生化學鍵的方式決定，因此化學能產生非常多的應用。例如化學家加深了我們對放射性元素的理解，並開發了用於醫院的放射線。化學家合成藥物為我們提供癌症治療方法，羅莎琳德・富蘭克林幫助我們瞭解 DNA 是雙螺旋結構，為現代基因科學革命鋪平了道路。因此化學現在已經分裂成許多分支。例如分析化學家可能會測量古代陶器中化合物的痕跡，以辨別數千年前人們在吃什麼。從塑料的發展，到尼龍、防水衣服甚至防彈背心，再到液晶顯示器，都是化學在生活上的應用。

2019年諾貝爾化學獎由化學家惠廷翰（M. Stanley Whittingham）、吉野彰（Akira Yoshino）和固態物理學家古迪納夫（John B. Goodenough）三位獲獎，得獎原因是「對鋰離子電池發展」的重大貢獻，如今電池發展是本世紀能源減碳重大課題。因此化學在一個全科大學出現在大部分的科技領域，包括工、農、醫、生命科學院。

其中生物化學的發展尤其突出，它是研究生物體中發生的化學過程，例如我們身體新陳代謝如何進行。生物化學的成就如此之高，事實上已經很好地融入了醫學院，不再留在化學領域。雖然生物化學作為一個大學科系已從化學分支出去，它仍然與化學核心科學部分維持一種密切關係。我用兩個例子說明：最近化學的進步促進了冠狀病毒疫苗的開發，利用我們對 DNA 和 RNA 的瞭解，創造了第一個獲批准的 mRNA 疫苗。它之所以能快速開發，是因為它一個化工製程。它的成功靠的是化學化工及生命科學知識的整合。

另一個例子是2018諾貝爾化學獎——化學中的演化與革命。Caltech

化學系的阿諾德（Frances Arnold）提出反向利用生物演化的概念，開發了叫做定向演化的化學催化劑。在定向演化中，阿諾德在實驗室中提供了一個新方式，鼓勵酶的演化來催化商業上有用的反應。酶在室溫下在水中進行工作時，可顯著加快反應速度。它們也非常擅長建立一種特定的鍵（不會與其他官能團相混）選擇性，所以很容易理解為什麼化學家喜歡使用酶來催化反應。然而，許多化學家感興趣的鍵不是由任何天然酶製成的，這僅僅是因為生物體從來不需要演化出製造例如碳—矽鍵的能力。定向演化創造了一種在有機溶劑中切割肽鍵的酶。天然蛋白質只會在水中這樣做，阿諾德將隨機變化（突變）引入編碼肽切割酶的基因中，然後將不同版本的突變基因插入細菌中，這些細菌開始大量生產出許多略有不同的酶。然後，阿諾德選擇了酶在有機溶劑中發揮最佳作用的細菌，並對其進行了進一步的試管演化。僅僅三代之後，一種酶被創造出來，它在有機溶劑中的作用是原始類型的兩百五十六倍。這個例子是化學家用生物方法開發了化學製劑。

◎ 二、性平等與諾貝爾化學獎

至 2021 年，諾貝爾化學已授予一百八十七人，其中包括七名女性：Maria Skłodowska-Curie、Irène Joliot-Curie（1935）、Dorothy Hodgkin（1964）、Ada Yonath（2009）、Frances Arnold（2018）、Emmanuelle Charpentier 及 Jennifer Doudna（2020）。7/187 這比例當然是非常低。但值得注意的是七名女性得主當中的四人是在21世紀。尤其是近四年來女性的突出表現實在令人鼓舞。

女性參與科學儘管過去幾十年取得了顯著進步，但無論是在學術領域還是產業部門，女性在科技領域的代表性仍然不足。這是由多種原因

造成的，主要與現代社會分配給女性的角色，以及在鼓勵男性出現在工作場所的同時所形成的玻璃天花板預先偏見有關。然而，這也是信息缺乏的結果，這使得年輕女性難以做出職業選擇，對可用的可能性知之甚少。缺少可作為信息指導的靈感和來源的良好榜樣，並讓人得以一窺在科學和／或技術領域受雇於女性的現實。父母和社會都常在阻礙年輕女性選擇職業道路的方式方面產生作用，這種選擇從學校開始，一直到高等教育。然而我在四十二年教學的經驗告訴我，她們的潛力絕不只如此，是社會偏見降低了女性自我期許。女性獲得諾貝爾化學獎是克服這信息缺乏最好的方法。

　　諾貝爾獎是一個引導年輕人願景的方式。那願景可能是幼稚的，但很重要。讓年輕人將科學當作樂趣，為他們帶來理解的喜悅。諾貝爾發明了一個夢想機器：一種改變慶祝方式的方法，激勵年輕人做到的比他們夢想的更多，引領了一些最優秀年輕科學家。他們也看到這些科學家得到了回報──看到諾貝爾基金會的盛大晚會（電視轉播），他們會想要效仿。年輕人會想：「哇，我多麼想要在那裡！」「你必須努力工作，但你可以在那裡。」未來這願景將由男孩與女孩共享。

牟中原：台灣大學化學系名譽教授

推薦序
關於諾貝爾獎二、三事

文｜寒波

　　每個領域都有自己的年度盛事，如電影界的奧斯卡、體育界的奧運，科學界最大的盛事是諾貝爾獎。每年10月諾貝爾委員會宣布各獎項的得獎者，隨著媒體傳播，大眾都很容易接觸到新聞。然而，諾貝爾獎所表揚的卻不是最新的科學進展。

　　奧運由選手們現場競技，當下最佳的參賽者勝出。奧斯卡獎根據前一年度的作品選出贏家，若是同期有多位高手頂尖對決，必定有遺珠之憾。諾貝爾獎則完全不同，它的選拔範圍是頒獎之前的所有人，極少數科學家如楊振寧、李政道，提出貢獻後未滿一年便迅速得獎，多數在十幾二十年後獲得認證，也有少數得主等待超過四十年。

　　科學界獎項很多，頒獎方式不一，不過最出名的諾貝爾獎，相當反映出科學研究的時間概念。競技領域由奧運代表，一剎那間便是永恆；電影週週有新片上映，再怎麼熱門的作品也會在幾個月後退潮，適合一年回顧一次。科學研究的影響，往往需要更長時段才能看出。

　　已經存在一百多年的諾貝爾獎，仍傳承著幾代人以前的智慧；現在的得獎者，某些貢獻早在幾十年前提出，經歷時間考驗後眾望所歸。另

一方面，過往闇影的影響也延續至今，比方說用男女兩性來看，科學類的得獎者幾乎都是男性，反映出過往教育、研究的偏向；假如女性投入科學研究的比例很低，那麼得獎者的女性比例當然很低。

經過一百多年，如今受到諾貝爾獎表彰的科學，是累積與經過實踐的科學。即使是橫空出世的新創見，問世當下大家都覺得「這個會得諾貝爾獎」，也要等待好幾年的檢驗。

例如CRISPR基因編輯，論文最初於2012年底發表，接下來幾年進展迅速，造福許多研究人員，公認得獎是時間問題，也要等到2020年才獲得諾貝爾化學獎，而這已是近幾年最快得獎的紀錄。對這點有概念，便不要意外mRNA疫苗技術為什麼沒有獲得2021年的諾貝爾獎。不論外界如何炒作與起哄，諾貝爾委員會行事自有一套規律。

另一點有趣的是，大家都知道CRISPR基因編輯會得獎，卻不知道它會得到哪個獎。科學類的三個獎：物理、化學、生理學或醫學獎，其領域有時候界線沒那麼分明。基因編輯乍看無疑屬於生理學或醫學獎的領域，實際應用CRISPR工作的也大多數是生物學家，可是它卻獲得化學獎。

狀況和CRISPR類似的，本世紀還有2017年的「低溫電子顯微術」、2015年的「DNA修補」、2014年的「奈米顯微鏡」、2012年的「細胞與感知」、2009年的「核糖體」、2008年的「綠色螢光蛋白」等等。這能說化學領域被生物學入侵嗎？我想更合適的視角是，隨著生命科學領域的突破，化學的視野也跟著拓展，生物體中觀察到許多有趣的化學現象，也有些探索生物的研究方法基於化學，超過以往生物化學的狹隘範圍。

本世紀不少生物學家獲頒化學獎，其實過去也發生過類似的事，一百多年來，獲得化學獎的物理學家並不稀奇。我想這反映出科學研究長期的變化：物理學曾是科學最突飛猛進的新疆域，如今則是生物學。

前文提及「橫空出世的新創見」，不過CRISPR基因編輯的概念並非橫空出世。它源自精準改變DNA序列的需求，在此之前，至少還有鋅手指（Zinc finger）和類轉錄活化因子核酸酶（transcription activator-like effector nucleases，簡稱TALEN）兩款原理類似的技術，只是遠遠不如CRISPR便利。CRISPR與更早的綠色螢光蛋白一樣，滿足許多一線研究者的日常需要，因此獲得諾貝爾獎。這是值得諾貝爾獎表揚的一大類：廣泛應用的新技術。

另外像「低溫電子顯微術」，使用門檻不低，遠不如PCR、綠色螢光蛋白等技術普及，但是帶來重要的突破，應用價值很高，因此獲獎。最近解析冠狀病毒的立體結構時，便常運用此一方法。

還有一類最常見的得獎，算是彰顯某個領域的長期累積。例如生理學或醫學獎2021年「溫度和觸覺受器」、2020年「發現C肝病毒」、2019年「細胞感知和適應氧氣供應」等等，都算是對該領域成就的追認：肝炎病毒、感覺受器、感應氧氣和缺氧的研究幾十年來成果豐富，使得其先驅獲得榮耀。

回顧近年的諾貝爾獎，我們可以從中快速回溯近幾十年的科學史，哪些議題受到科學界重視，哪些項目被聰明的人類突破。這些資訊未必和我們切身相關，卻是當代社會重要的一環，對哪個議題有興趣，都可以繼續查詢。

瞭解諾貝爾獎包含哪些題材後，若是心有餘力，也不妨反面思考：諾貝爾獎沒有哪些東西？這能讓我們更全面認識科學，以及其背後的科學研究文化。

這也觸及到諾貝爾獎近來屢屢被質疑的問題。科學類諾貝爾獎得主，以地理劃分，大部分位於北美、少數歐洲國家和日本；以族裔區分，多

數為白人；以性別區分，絕大部分是男性。諾貝爾獎評選看的是結果，這反映出過往百年的科學研究，全人類只有少數群體參與較多；往積極面想，人類的聰明才智，仍有許多潛能可以挖掘。

促進科學擺在台灣的脈絡，最有意義的大概是鼓勵兩性平等參與（或是可以代入任何「性別」），具體來說，就是促進過往被壓抑的女生投入科學。台灣各界在這方面嘗試不少，有時候卻淪為形式上的鼓勵，相當可惜。

比起斤斤計較每場研討會的性別比例，更實際的或許是在日常生活中，鼓勵每一位女孩與男孩勇敢嘗試，不要輕易放棄。即使覺得遇到瓶頸，也不要覺得因為自己是女生，或是任何身分才不行。越高深的科學研究，能應付的人本來就越少。

即使是最出色的那一群科學家，也只有很少數人能得到諾貝爾獎。許多研究領域很難得到諾貝爾獎，卻一樣很有貢獻。連日清十六歲時，到臺北帝國大學熱帶醫學研究所工讀，後來成為世界級的蚊子專家。桃樂西亞・貝茲（Dorothea Bate）十九歲時在倫敦的自然史博物館，敲門懇求當打工仔，當時無人知曉，一位了不起的古生物學家就此誕生。

就算不是研究科學的讀者，閱讀諾貝爾獎的介紹，以及屬害科學家的故事，想必也能滿載而歸。

寒波：盲眼的尼安德塔石器匠部落主、泛科學專欄作者

2001 | 諾貝爾化學獎
NOBEL PRIZE in CHEMISTRY

手性技術的極致展示——
不對稱催化反應

文｜楊登貴

2001年諾貝爾化學獎頒給了三位資深科學家，
其中諾里斯與野依良治是以手性催化型氫化還原反應的開創性貢獻獲獎；
至於夏普利斯，
則以其在手性催化型的氧化反應上的深入研究與突出貢獻獲獎。

諾里斯
William S. Knowles
美國
美國孟山都（Monsanto）
公司

野依良治
Ryozi Noyori
日本
日本名古屋大學

夏普利斯
K. Barry Sharpless
美國
美國史貴普研究院
（Scripps Research Institute）

2001年諾貝爾化學獎頒給了三位資深科學家，表彰他們在不對稱催化合成化學（catalytic asymmetric synthesis）上的貢獻，其中在美國孟山都公司的諾里斯博士及日本名古屋大學的野依良治教授，是以手性催化型氫化還原反應的開創性貢獻獲獎；而在美國史貴普研究院的夏普利斯教授，則以其在手性催化型的氧化反應上有深入研究與突出貢獻而獲獎。

● 手性分子的發現

　　手性（chiral）分子是於1848年法國科學家巴斯德（Louis Pasteur）於葡萄酒桶上發現酒石酸的結晶（圖一），它在顯微鏡下呈現兩種互相對映為鏡像的晶體；這兩種晶體乍看極為相似，但實際上卻不相同，於是他很有耐心地在顯微鏡下將它們逐一分開，結果發現這兩種晶體的溶液均能旋轉平面偏極光，而且其旋轉角度大小相同而方向相反，他將右旋光的晶體稱作d-型（dextrorotatary），左旋光的晶體稱作l-型

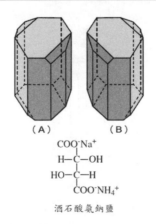

（A）　　　　（B）

$$COO^-Na^+$$
$$H-C-OH$$
$$HO-C-H$$
$$COO^-NH_4^+$$

酒石酸氨鈉鹽

圖一　酒石酸氨鈉鹽在顯微鏡下呈現兩種互相對映為鏡像的晶體。

圖二 若碳原子所連結的四個基團均不相同時,此一碳原子即為光學中心,而這個四面體的分子會有兩種相似卻不相同的排列。

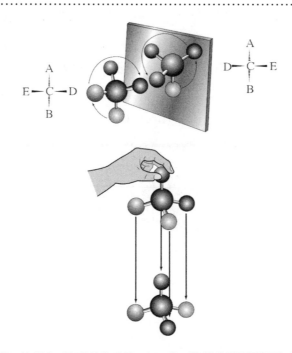

圖三 在A與E的部分可與其鏡像重疊,但B與D的部分卻位置相反而無法重疊,因此稱此二種互為鏡像的化合物為鏡像異構物,又稱為手性(或掌性)異構物。

（leverotatory），但當時他並不知道這兩種化合物的結構。直到1874年，德國化學家凡德霍夫提出碳原子的四面體結構，並提出若碳原子所連結的四個基團均不相同時，此一碳原子即為光學中心，而這個四面體的分子會有兩種相似卻不相同的排列（圖二），它們正如同我們的左右手一樣，在鏡中可互為影像，但又不可重疊，如圖三中的含碳分子，在A與E的部分可與其鏡像重疊，但B與D的部分卻位置相反而無法重疊，因此稱此二種互為鏡像的化合物為鏡像異構物，又因其與我們左右手的對映方式有相似之處，所以又稱為手性（或掌性）異構物。（圖三）

◉ 手性技術的發展

手性分子除了面對偏極光有相反的偏轉方向外，一般而言，其物性如沸點、熔點、折光率、顏色等均相同，而其化學性質在面對一般對稱性的化學環境時，兩種手性異構物均有相同的表現，甚至在其光譜方面，如紅外光譜、紫外光譜及核磁共振光譜均相同；但當其遇到第二個手性分子或其他不對稱的環境時，則常會展現不同的性質；而自然界中的生物分子，乃至人體中的重要基礎生命分子大多具有手性，如組成人體結構的胺基酸全是左旋光型，醣類則是右旋光型，核酸亦是如此，所以由它們構成的蛋白質與DNA均為具手性的生物大分子。因此手性分子以其手性中心上極細微的差異在與生物分子作用時，卻可能有完全不同的性質，所以某些手性分子在生物體內與由蛋白質所組成的酵素或受器分子作用時，會有完全不同的效果（圖四）；譬如由兩個左旋胺基酸所組成的雙肽化合物阿斯巴甜，左旋的阿斯巴甜其甜度可高達蔗糖的兩百倍，而其右旋的手性異構物卻比黃蓮要苦二十八倍，如此懸殊差異，其實在生物世界中屢見不鮮；因此有許多藥物其中的一個手性異構物可能具有極

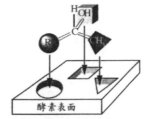

R-型醇可與酵素之活化基接合

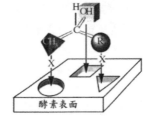

S-型醇與酵素之活化基不可接合

圖四 某些手性分子在生物體內與由蛋白質所組成的酵素或受器分子作用時，有完全不同的效果。

佳的療效，而另一個手性異構物卻可能有完全不同的作用（副作用），甚至具有毒性；其中最出名的案例是1959~1962年間在歐洲販售、抑制懷孕婦女害喜症狀的藥物沙利竇邁（Thalidomide），其R-型為真正有效的害喜症狀抑制劑，而其S-型卻會使細胞分化功能紊亂，造成畸型胎兒，此一事件當年造成二千人以上的畸胎慘劇，可想而知此藥立即遭禁，但如果當時的手性技術能有效獲得單一R-型的沙利竇邁，則此一悲劇就不會發生；事實上因今日手性技術的發展，使沙利竇邁又重新為藥檢單位接受，成為抗麻瘋病與抗肺癌的新藥（圖五）。

　　近年來由於人類對手性異構物在生物活性上差異的瞭解，使獲取具

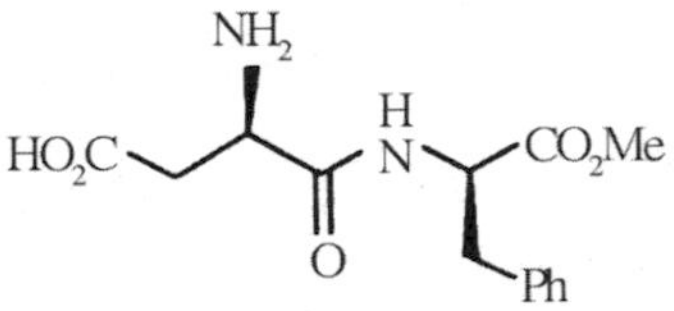

d- 阿斯巴甜

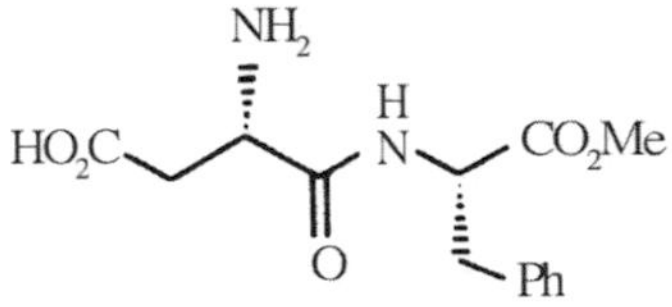

l- 阿斯巴甜

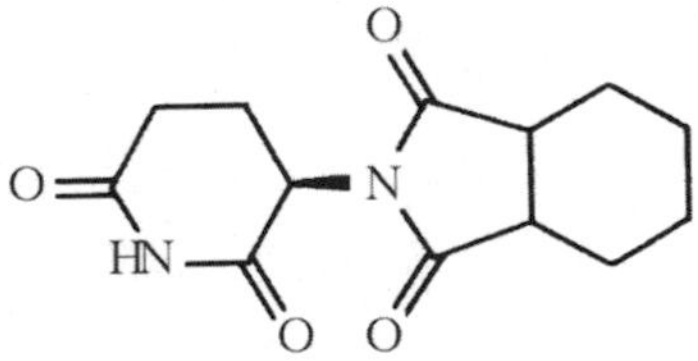

R- 沙利竇邁

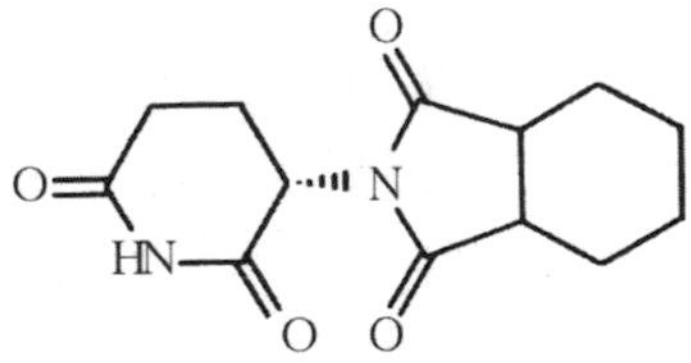

S- 沙利竇邁

圖五　左旋的阿斯巴甜其甜度可高達蔗糖的二百倍，而右旋的手性異構物卻比黃蓮要苦二十八倍；R-型沙利竇邁為真正有效的害喜症狀抑制劑，而S-型沙利竇邁卻會使細胞分化功能紊亂，而造成畸型胎兒。

手性之純物質的需求大增，尤其美國食品藥物檢驗局在1992年宣布，新藥中若有手性異構物，要將它們分開測試藥性後才可獲得批准，而舊有的消旋（racemic）藥物，若分開測定其藥效後發現更佳或不同藥效，即可單獨再獲新藥認證，且其專利保護亦可延長，此規定使手性技術的重要性與商業應用價值結合，從而使此方面的技術不但在學術研究上備受注目，在工業用途上更獲得極大的重視。

　　目前獲得手性純物質的技術，除了生物性發酵之外，大致可分為六種：（一）自然界單離（isolation）來獲取天然手性純物質，並以它為起始物製造其他手性純物質；（二）光學離析或稱拆分（resolution），此法

係由添加某一手性純物質，使各種天然或合成的消旋性混合物形成二種非對手性異構物（diastereomers），再加以分離；（三）手性層析（chiral chromatography），它是利用具手性的靜相物質（chiral stationary phase）對動相（mobile phase）中二種手性異構物的作用力之差異，達成分離手性異構物的效果；（四）動力離析（kinetic resolution），利用酵素對手性異構物在特定反應中速率差異，使二種手性異構物形成性質不同的化合物，而達成分離的目的；（五）不對稱轉移技術，它利用酵素將較易獲取的手性純物質之光學中心轉移至另一分子上，從而取得較珍貴的手性純物質；（六）不對稱合成，是利用另一手性純物質造成反應物的不對稱面，再藉由這兩個不對稱反應面在化性上的差異，進行不對稱反應以獲取單一或高比例的手性純物質。

在上述六種方法中，不對稱合成是適用性最廣也最具發展潛力的技術；我們知道光學活性不會在不具手性的分子上自然發生，它必須由另一手性分子所誘導而成。而這個手性分子就是所謂的手性源，手性源出現的方式可分為三類：（一）手性試劑（chiral reagent），為由手性分子形成之反應試劑，一般而言，手性試劑是消耗性的且需至少一當量以上；（二）手性輔助體（chiral auxiliary），為由手性分子與反應物以共價鍵形成非對手性異構物，因為非對手性異構物常會有不同的化性，因此產生不同的反應結果；一般而言，在反應時手性輔助體相對底物也需要一當量以上，但通常手性輔助體具有可回收性，不過任何回收過程本身總有某種程度的消耗性，因而增加成本；（三）手性催化劑（chiral catalyst），為由少量手性分子與反應物或試劑形成高反應活性的中間體，而此種化性活潑的中間體會以不對稱的方式反應，形成手性產物，之後手性催化劑再回頭幫助另一個反應物分子進行不對稱反應，如此週而復

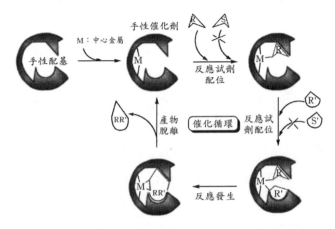

圖六　由少量手性分子與反應物或試劑形成高反應活性的中間體，再以不對稱的方式反應，形成手性產物，之後手性催化劑再回頭幫助另一個反應物分子進行反應，如此週而復始。

始，便能以少數的手性催化劑製造出大量手性產物（圖六）；但一般而言，高光學純度手性催化劑製造不易，除非使用量極少，否則亦有成本壓力。最新發展的光學放大（chirality amplification）技術或稱為不對稱自身催化（asymmetric autocatalysis）技術，此一技術可利用低光學純度的手性催化劑，合成高光學純度之產物。將可解決手性催化劑取得困難的問題，對於生產大量的手性化合物是最實際且最經濟的方式。

● 不對稱催化反應

自1960年代起，金屬有機化學的發展，使得許多原本有機化學認為很難，甚至不可能的化學反應變為可行，這主要歸功於有機金屬催化反應的突破，而在這些催化反應中，具新型有機配基（ligand）之金屬錯

合物的開發，扮演了重要角色。美國孟山都公司的諾里斯在偶發的靈感下，將密斯羅（K. J. Mislow）所提出的手性有機膦化合物配入威京生（G. Wilkinson）教授型式的銠膦化合物作為氫化觸媒，成功發現了以銠錯合物〔Rh（DIPAMP）〕作催化劑，可成功將 α（N-乙醯胺基）-β-芳基亞克力酯氫化為手性純度極高的 α-（N-乙醯胺基）-β-芳基丙酸，此一發現在孟山都公司的研究團隊努力下，迅速發展成舉世聞名的孟山都左旋多巴（DOPA）工藝（圖七），開創了有機金屬催化反應的新方向，掀起國際科研界對不對稱催化反應的研究熱潮，2001 年的諾貝爾獎頒給諾里斯，即為肯定他在三十餘年前對不對稱催化反應的開創先河之功。

此後，有機膦金屬銠錯合物在其他氫化反應方面的研究，雖然也有許多報導，但並沒有真正實用又能成為工業化新技術的案例。直到 1985 年日本沙波力（M. Saburi）提出〔Ru_2（BINAP）$_2Cl_5$〕〔Et_2NH_2〕作為 α-（N-乙醯胺基）-β-芳基亞克力酯的氫化觸媒，才有了新的構想；因為釕比銠的價格要便宜了五至十倍，因此在實用上有重要的經濟價值，但當

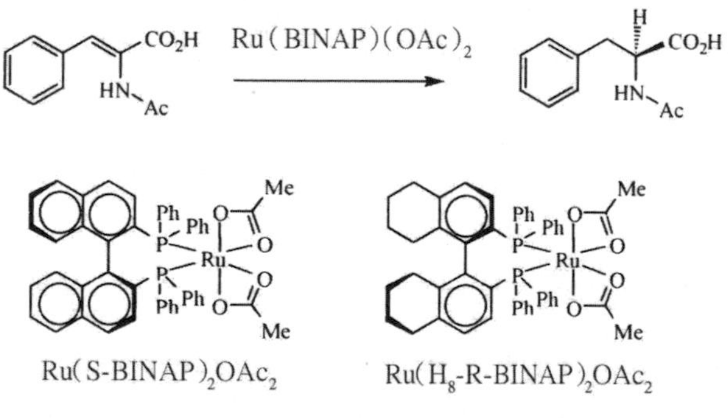

圖七　孟山都公司研究團隊的舉世聞名成果—孟山都左旋多巴工藝。

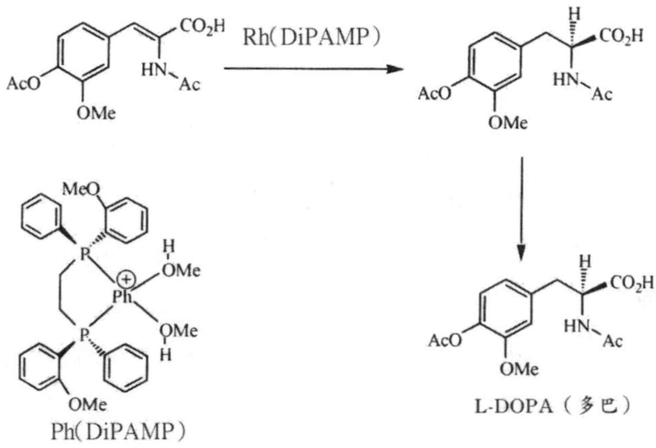

圖八　野依良治研究團隊的手性胺基酸氫化合成工藝。

時此一觸媒的效果在已發表的眾多觸媒中並不突出。而 Ru（BINAP）型觸媒後來成為舉世公認的「特效觸媒」（圖八），其實是靠野依良治將上述釕錯合物中的氯配基置換為醋酸根後形成 Ru（BINAP）（OAc）$_2$，大大增加了此一釕錯合物在甲醇等常用之氫化溶劑中的溶解度，從而增加了其可用性；在野依研究小組的努力下，Ru（BINAP）在各種不對稱反應中的催化用量不斷降低，而其鏡像選擇性（enantioselectivity）卻不斷提高，在許多案例中其產物的鏡像超越值（enantiomeric excess，簡稱 e.e.）高達99％以上。更重要的是，野依的研究小組對 Ru（BINAP）在許多具商業價值手性化合物之合成上的應用不遺餘力，在1986年先後推出 β-或 γ-羥基烯類的不對稱氫化，由香葉醇（geraniol）合成價值較高的 S-香芋醇（S-citronellol），又用 Ru（BINAP）催化 β-胺基烯類的不對稱異構化，以合成 l-薄荷醇（l-menthol）及手性 α-生育酚（α-tocopherol），

並將技術轉移給以生產香料聞名的日本高砂公司進行工業生產。另外，在1989年又以 α-取代-β-酮酯的不對稱還原技術，再與日本高砂及美國默克公司合作，將此一技術工業化，形成每年生產一百二十公噸的 β-內醯胺（β-lactam）工業技術，用於生產Carbapenem系列抗生素藥物。另外還有在烯醯胺（enamide）的還原上，野依也成功製造出具手性之N-醯基-1-苯基四氫異喹啉（N-acyl-1-benzyltetrahydroisoquinoline）類化合物，它們是合成許多異喹啉生物鹼（isoquinoline alkaloids）型藥物的重要中間體。迄今，Ru（BINAP）的功能經許多化學家修飾後，已可用於許多不同類型的不對稱催化反應中。這當然要感謝野依良治及其所率領的研究小組之努力，2001年的諾貝爾獎即是肯定野依良治在此方面的開創性及持續不斷的推廣性工作成果。

在不對稱催化反應的領域中，除了諾里斯與野依在不對稱氫化還原反應上創造出的豐碩成果外；另一方面，化學家在不對稱氧化反應方面的研究始於1965年亨貝斯特（H.B. Henbest）以樟腦過氧酸氧化雙鍵的案例，不過他的結果顯示產物只有8%e.e.；這類反應到了1980年，夏普利斯提出將四異丙基鈦酸酯〔Ti（OPr^i）$_4$〕以及手性的酒石酸乙二酯（DET）為配基，再以過氧叔丁醇（TBHP）為氧化劑，以等量混合成神奇的不對稱氧化劑，用於丙烯醇的不對稱環氧化（asymmetric epoxidation, 簡稱AE）反應上，獲得90%e.e.以上的選擇性，才有突破性的發展。

夏普利斯的研究小組迅速優化了反應條件，加入了分子篩或矽膠等輔助催化劑，使〔Ti（OPr^i）$_4$〕-DET的量減至5mol%以下的催化量。同時與美國ARCO公司合作，成功開發出手性環氧丙醇，並將之用於抗高血壓藥物 β-阻斷劑（S-propranolol）的合成（圖九）。

另外，夏普利斯於1988年又發表了以OsO$_4$及金雞納鹼（chichona）

圖九 夏普利斯與美國ARCO公司合作，成功的開發出手性環氧丙醇，用於抗高血壓藥物。

作催化劑，以N-甲基嗎氧化物（N-methylmorpholine oxide, 簡稱NMD）作氧化劑的烯烴之不對稱雙羥基化反應（asymmetric dihydroxylation, 簡稱AD），在1990年他又發表以了鐵氰酸鉀〔$K_3Fe(CN)_6$〕為主氧化劑的改進型反應，在鹼性及含少許水分的叔丁醇條件下，此一雙羥基化反應之選擇性可迅速提高至95%以上，另外他也先後發表以具C2對稱性之手性配基（DHQ）$_2$PHAL或（DHQD）$_2$PHAL（簡稱AD-mix α 或AD-mix β）此過氧叔丁醇所形成的不對稱氧化劑，此型催化劑在反應中能更有效控制氧介入對映面的方向。1991年，夏普利斯的研究小組成功將此一技術用於合成抗癌藥物紫杉醇（taxol）的側鏈合成上。

在上述的成功基礎上，夏普利斯於1996年更將在AD反應中所使用的（DHQ）$_2$PHAL或（DHQD）$_2$PHAL手性配基，與四氧化鋨（OsO_4）及甲苯磺醯胺氯鈉鹽（N-chloroaminotosylate, sodium salt）混合

用於不對稱羥胺基化反應（asymmetric aminohydroxylation, 簡稱 AA），之後他們更發現若使用體積較小的乙基碳酸醯胺氯鈉鹽（ethyl Nchloroaminocarbamate, sodium salt）作為氮烯供體，則其所產生之胺基醇的光學純度更可以高達99%e.e.以上，此一反應可進一步簡化紫杉醇側鏈的合成。當然在不對稱催化型氧化反應方面，其他化學家也做了大量工作，如美國的傑可布森（Jacobsen）推出的沙林（Salen）配基可與多種金屬作用如鉻、鎳、鐵、釕、鈷及錳，而其中錳沙林（Mn-Salen）的錯合物是極佳的AE反應催化劑，不但催化效果佳、選擇性好，且適用於各種取代型式的烯烴類，其功勞亦不可沒。但我們必須承認夏普利斯在不對稱催化型氧化反應上先鋒型的工作與推廣發展各型相關反應的應用，均是不可磨滅的功勞，也成為2001年諾貝爾化學獎實至名歸的得主。

◉ 華人化學家的研究現況

台灣的不對稱合成相關研究興起於十多年前，當時的國科會自然處對中興大學部分教授提出整合研究的建議，因此在中興大學開始了對手性技術的研究工作，迄今中興化學所仍是台灣在此領域投注最多心力的研究單位，有陸大榮、陸維作、林家立、林助傑、高漢謀、筆者等多位教授在此一領域努力。當然十餘年來也有其他化學家陸續投入，如清大汪炳鈞教授是台灣以樟腦為手性源的開山始祖，近年來此領域也備受重視，使許多教授開始參與，其中師大陳建添及陳焜銘、清大劉瑞雄、台大方俊民教授等均發表過相當優秀的成果。

在其他地區的華人化學家，當推香港理工大學陳新滋教授在此領域的表現最傑出，他曾在孟山都與諾里斯一起工作，推出孟山都奈普生（Naproxen）不對稱氫化工藝聞名世界。他也曾遍訪中國及台灣各大學尋

求合作，冀望在此一領域能結合華人化學家的力量，共同發展出新穎有效且能工業化的新型手性催化劑，事實上他與中科院成都有機所蔣耀忠、宓愛巧教授的研究組，在1997年 *JACS* 上發表了 Spiro-OP 新型手性配基，成功突破了此類配基必須用有機膦的限制，而發展出氧膦配基的全新系統。當然中科院上海有機所戴立信院士所領導的研究單位，仍是中國在手性合成上執牛耳地位的前鋒團隊，其成果豐碩自然不在話下。還有在美國麻省理工學院的傅喬治（George Fu）教授，推出了平面不對稱配基的新觀念，也是極具前景的發展方向。總之，此一領域因同時兼具學術前沿性與工業應用的潛力，是非常值得繼續努力投入的領域，尤其手性技術在醫藥、農藥工業上的應用深具前景，使之成為21世紀發展生化醫藥工業不可或缺的關鍵性技術。

● 結語

不對稱催化反應除了使用生物酵素外，一般而言，均使用在反應系統下可溶的有機金屬均相觸媒（homogeneous catalyst），此種觸媒大多具有高反應活性，用量較少，且具高鏡像選擇性等優點；但以目前所見的不對稱均相觸媒而言，其缺點是中心金屬很貴，如銠與釕，而且許多手性配基結構複雜，因不易合成而價值不菲，再加上用量少，對空氣敏感等原因，造成回收不易的問題，另外就是回收將消耗大量溶劑等缺點。因此未來的發展趨勢在朝向觸媒的使用應高效少量外，也希望能使用較便宜的金屬，如鈦、鎳、鈷、鋅等常見金屬，而另一方面現今的手性配基常有越來越複雜而合成不易的現象，未來應在效果不減的情況下，朝向合成簡單化的手性配基發展，以降低成本，再者就是減少溶劑量或使用超臨界二氧化碳等技術，以節約成本同時減少廢物，事實上野依良治

已在1996年提出以含氟溶劑配合超臨界二氧化碳作溶劑,可獲得極佳的反應速率與鏡像選擇性。此外野依良治提出光學放大效應的理論,可以較易取得的低光學純度手性配基與金屬結合,透過在反應動力學上的巧妙設計與操控,可以生產出遠超過原手性配基光學純度的高光學純度產物。

從以上內文中,我想大家可以得到一個線索,即是諾貝爾獎是頒給在某一領域提出具開創性理論的科學家,而這理論又經過得獎人的持續努力,證明它是對科學界、產業界乃至人類經濟文明的發展有實質貢獻,且未來還有持續發展空間的科學理論與技術,如此才符合諾貝爾給獎的精神與目的。

楊登貴:中興大學化學系

透視生物巨分子結構

文｜王文竹

1985年，伍斯瑞許第一次用核磁共振法定出了一個蛋白質的三級構造。
很快地，在十多年的時間中已累積豐碩的成果，
目前已知構造的千餘個蛋白質中，約五分之一是用核磁共振法建立的。
2002年化學獎表彰三位科學家對於鑑定生物分子結構的貢獻。

費恩
John B. Fenn
美國
普林斯頓大學、耶魯大學

田中耕一
たなか こういち
日本
島津製作所

伍斯瑞許
Kurt Wuthrich
瑞士
蘇黎世聯邦理工學院

2002諾貝爾化學獎已經揭曉，共有三位化學家得獎，他們分別是費恩、田中耕一以及伍斯瑞許，主要表彰他們對鑑定生物分子結構的貢獻。本文將介紹伍斯瑞許開發核磁共振光譜法的過程，以及所建立生物分子的立體結構。而另外兩位諾貝爾得主的介紹，請參閱何國榮〈分析蛋白質的利器〉一文。

伍斯瑞許是瑞士人，1938年10月4日誕生於阿爾堡（Aarberg），1957至1962年取得波恩（Bern）大學的物理、化學及數學學士，1964年獲得巴塞爾大學博士，留校一年從事博士後研究。1965~1967年在加州大學柏克萊分校繼續從事其博士後研究。1967~1969年，在美國貝爾實驗室服務。1969年回到瑞士，任職於蘇黎士瑞士理工大學，於1980年升任教授迄今，並曾擔任生物系的主任五年。2002年獲獎時，他在美國Scripps研究所任訪問教授。

● 生物分子構造

生物學的研究進入分子的層次，正是近年來生物科技興盛的主因。而分子生物學使我們瞭解生物運轉的機制，但目前這方面的研究面臨的難題是：生物分子大多是一些大塊頭，太難鑑定了。像是蛋白質，我們就會問它「是什麼」、「有多少」，2002年另兩位諾貝爾化學獎得主，就是用改進的質譜法——電灑游離法及介質輔助雷射脫附游離法，精準地解決了這個難題。但是更大的難題是這些分子「長得什麼樣子」，也就是生物分子的三維立體構造是如何？

生物分子的構造和性質之間的關係非常密切，比如說，紅血球蛋白質中某一個胺基酸的改變（由親水基變成疏水基），結構就會由圓盤狀變為鐮刀狀，其輸送氧氣的能力就會喪失，也就是所謂的鐮刀型紅血球症。

另一個有名的例子是引起狂牛症的變性蛋白質prion（1997年史坦利・布魯希納〔S. B. Prusiner〕因此獲得諾貝爾生醫獎），它只是一段結構變異的蛋白質，卻會造成其他蛋白質的變性，還會傳染，是為生物、細菌、病毒以外新發現的感染源。

生物分子結構的鑑定有什麼困難呢？簡單說，就是它太大了，大到一般化學分析方法幾乎無法克服，但又沒有大到可以用顯微鏡去看「它長得什麼樣子」。早期的唯一方法就是將它長成一顆大晶體，再用X光繞射法去定出結構。1957年，培魯茲（M. Perutz）確認了肌紅蛋白的結構，這是首次鑑定出的蛋白質三維立體構造，培魯茲也因此得到1962年的諾貝爾化學獎。那麼，除了繞射法（包括X光、電子及中子繞射法）以外，還有沒有其他工具也可以解決生物巨分子構造鑑定的難題呢？

在有機化學分析中，核磁共振光譜法是最強有力的近代分析技術，在席佛斯坦著作的《有機光譜分析》一書中，核磁共振光譜即佔了約半本的篇幅，可見其重要性。伍斯瑞許就是從此一方法下手，逐步克服困難，終於開創出一片新天地，並獲得2002年的諾貝爾化學獎。

◎ 核磁共振光譜法

原子核帶正電，並且擁有自旋量子數，轉動的帶電體除了具角動量，亦具有磁矩。將分子置入強大外磁場中，核磁矩與外加磁場交互作用，就會吸收無線電波，這個現象於1945年被布洛克（F. Block）與波色（E. Purcell）發現，並於1952年共同獲得諾貝爾物理獎。隨即他們發現原子核吸收的無線電波頻率隨外加磁場大小或原子種類不同而異，接著又發現就算是同一種原子，如果在分子中的位置不同，因左鄰右舍的原子不同，其吸收無線電波的頻率亦有不同。比如說，乙醇分子$HOCH_2CH_3$中

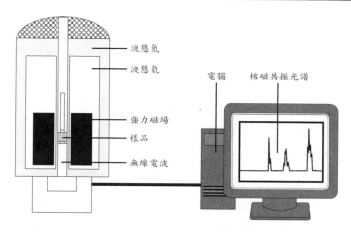

圖一　核磁共振光譜法的儀器透視圖。（陳思穎繪製）

有三種不同環境的氫原子，它們就會有不同的吸收頻率，這稱為化學位移。同一分子內的氫原子之間的距離甚近，原子核的磁矩亦可透過鍵結彼此作用，就像是兩個相近的小磁鐵會互相作用一樣，進而造成其吸收峰的細部分裂，就是偶合作用常數。1960年代起，核磁共振光譜儀就成為化學家研究分子結構的利器，雖然好用，但其感度仍然不佳。1966年，恩斯特（R. Ernst）改以瞬時高強度脈衝式無線電波，取代傳統的緩慢掃描連續無線電波，大大提升了核磁共振儀的感度，1980年代起，此種稱為傅利葉轉換核磁共振儀面市，立即成為化學家的基本儀器，再配合高磁場的超導磁鐵的日益進步，其感度比起60年代提高了近萬倍之多，恩斯特亦於1991年獲頒諾貝爾化學獎。

● 伍斯瑞許的貢獻

1980年代，伍斯瑞許開始試著用核磁共振光譜法來鑑定生物巨分子，特別是蛋白質的構造。我們知道，蛋白質是由胺基酸縮合而成，胺基酸的分子式為 $H_2NCHRCOOH$，中間的碳上有一個氫原子，伍斯瑞許發明了一個系統方法，經由確認相鄰胺基酸上的氫原子作用，即前一節中所述透過鍵結彼此偶合作用，將相鄰胺基酸配成對，再依序用此原理，就可定出胺基酸序列，此一依序指認法，已成為今日核磁共振結構解析的基石。靠著尋找鍵結相鄰胺基酸之氫—氫偶合作用，依序建立了蛋白質一維組成，但是蛋白質的三級立體結構要如何鑑定呢？

氫原子核間的磁偶極作用力可透過兩種途徑進行，一種即如上述之經由鍵結，另一種較弱的作用是經由空間的直接磁偶極作用，它的大小和距離的六次方成反比，稱為歐佛豪瑟效應（Overhauser effect）。利用多次脈衝及多量子過濾的方法，把氫—氫間強偶合作用消除，就可以將

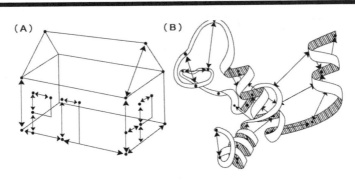

圖二　（A）核磁共振儀所測出蛋白質中的胺基酸距離及相關位置圖示；（B）經電腦模擬繪出圖A的蛋白質立體結構。（陳思穎繪製）

弱作用的歐佛豪瑟效應顯現出來，這個作用只與距離有關，而與相鄰鍵結無關，所以長的蛋白質分子的摺疊狀況就可建立了。例如兩個隔了多個胺基酸的氫核，雖然鍵結上的距離很遠，但經由摺疊之後，首尾相靠，其直線距離反而可以很近，此時的歐佛豪瑟效應就會很明顯，經由仔細計算，即可推得其距離。1985年，伍斯瑞許第一次用這個方法定出了一個蛋白質的三級構造。很快地在十多年的時間內，已累積豐碩的成果，目前已知構造的千餘個蛋白質中，約五分之一是用核磁共振法建立的，與X光繞射法的五十年歷史相比，有後來居上之勢。

◉ 巨分子核磁共振　光譜法的應用

　　首先要認知的是：核磁共振光譜法和X光繞射法是互補的，前者是在溶劑中量測，後者則是在固態晶體狀況下量測。當然，生物分子的活性是在體內的水溶液中表現，但一些巨大的生物分子，或是堆積緊密的蛋白質，仍然只能依靠X光繞射來確定構造。但核磁共振光譜法亦有其優勢，它可定出巨分子中未結構化或是可移動的那一部分，也可以定出蛋白質中某一段的動態性及移動性，以及其動態下的結構變化如何沿著蛋白質鏈而表現出來。例如在水溶液中，prion變性蛋白質從121~231號胺基酸，仍是維持緊密的三維結構，但從23號開始到120號胺基酸，就幾乎沒有結構性可言，只具有高度移動性。

　　另一個核磁共振光譜法的優勢，是它允許在水溶液中加入其他小分子，如此一來，就可以用它來研究小分子和蛋白質的交互作用及結合狀態，將可提供大量資訊，這在藥物研究上，無異是打開了一扇大門，我們可快速「篩選」一系列的候選藥物，開發出新的藥物。

　　目前台灣從事此一領域研究的學者甚多，亦卓然有成，例如：清華

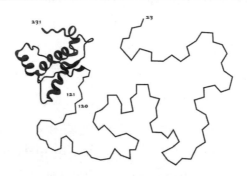

圖三　在水溶液中，prion 變性蛋白質的立體結構。（陳思穎 繪製）

大學的吳文桂教授及余靖教授，中興大學的周三和教授等人；他們使傳統生化研究（具本土特色的蛇毒蛋白）進入分子生物學的領域，建立了全世界第一個台灣眼鏡蛇的神經蛇毒蛋白結構及其生理機制。

王文竹：淡江大學化學系

分析蛋白質的利器

文｜何國榮

2002年諾貝爾化學獎的半數獎金，
頒給了使用質譜分析蛋白質的兩位科學家：
開發介質輔助雷射脫附法的田中耕一及提出電灑法的費恩。

隨著人類基因體計畫以及酵母菌、大腸桿菌和其他一些基因序列的完成，生命科學及生物技術正式進入了蛋白質體學的世紀。基因的產物是蛋白質，然而相同的基因在不同的時間及環境下，表現會有所不同，例如毛毛蟲與蝴蝶兩者之間具有相同的基因，卻因為基因的表現不同而展現出不同型態。因此若要瞭解何種基因在生物體上的表現，則必須先行分析基因所轉譯出各類蛋白質的鑑定與定量。在後基因體時代，藉由瞭解基因所表現出來的蛋白質得知基因功能，即可進一步藉此來控制基因的表現。

● 為什麼要用質譜儀分析蛋白質？

人體中約有三萬多個基因會表現出蛋白質，但由於轉譯後修飾、突變及RNA剪切等機制，大幅增加了蛋白質的種類。要在這種複雜的環境中，有系統性地鑑定細胞在不同狀態下基因所表現出蛋白質的差異，其中包含蛋白質種類和表現差異量的程度，以及蛋白質之間的交互作用等，

會是一個很大的挑戰。質譜儀因對蛋白質分析上具有極佳的靈敏度、質量準確度，再加上分析速度快等優點，而成為蛋白質體學中不可或缺的技術。

● 蛋白質的質譜分析

　　使用質譜分析儀分析有機、無機或生化分子，必須先將化合物轉換成氣態離子，傳統上多使用加熱的方式將分析物氣化後再離子化。由於許多高極性的分子（尤其是生化分子）加熱時會發生熱裂解現象，因此1980年以前質譜儀很少用於生化分子的分析。

　　為了克服生化分子離子化的障礙，許多的科學家皆投入這方面的研究。80年代初期，英國的巴柏教授開發了快速原子撞擊法（fast atom bombardment, 簡稱FAB）技術。他發現若將分析物溶解於適當介質中，再使用高能的原子撞擊樣品，可以很有效地分析高極性的分子。數年內，因快速原子撞擊法的推出，大大擴展了質譜儀的應用範圍。FAB雖然可有效地分析中、高極性的化合物，但卻不能有效的分析蛋白質。它對蛋白質或胜肽的使用範圍在分子量10000以下，而且若超過3000amu（amu為原子質量單位，1amu是碳12原子質量的十二分之一），離子化的效率下降得非常快。由於蛋白質的分子量大多在10000以上，因此必須找尋更適當的離子化方法，以進行蛋白質分析。

　　80年代中，出現了電漿脫離法（plasma desorption, 簡稱PD）的離子化方法，電漿脫離法使用不穩定元素鉲252裂解後所產生的高能粒子，撞擊配製於硝化纖維中的生化分子，一度被認為是分析蛋白質最具潛力的離子化方法。圖一是筆者於1988年使用PD分析分子量為14955的蛋白質之質譜圖，這在當時算是一張不錯的質譜圖。PD-MS分析蛋白質的能

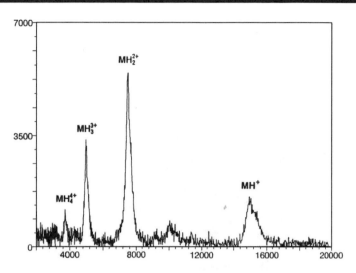

圖一　去醣白血球間質素-4的PD-MS質譜圖。（作者提供）

力雖優於快速原子撞擊法，但它得到一張質譜圖需要幾個小時甚至更長的時間，而且被分析之蛋白質的質量上限不能超過45000。

　　質譜分析蛋白質的問題在1988年有了突破性的發展。兩種新而有效的離子化方法，幾乎同一個時間被開發出來，這兩個方法就是2002年諾貝爾化學獎得主，日本的田中耕一所開發的介質輔助雷射脫附法（matrix asisted laser desorption ionization, 簡稱 MALDI）及美國費恩（John Fenn）教授所提出的電灑法（electro-spray ionization, 簡稱 ESI）。

● 田中耕一與介質輔助雷射脫附法

　　雷射脫附法（LD）是以雷射來脫附分析物，1988年之前，一般認為它離子化的質量上限不超過1000。MALDI也是使用雷射作為離子化源，

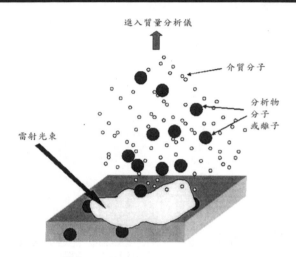

進入質量分析儀

介質分子

分析物
分子
或離子

雷射光束

圖二　介質輔助雷射脫附法的簡圖。（作者提供）

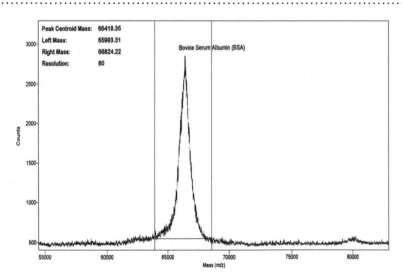

圖三　介質輔助雷射脫附法（MALDI）質譜圖。（作者提供）

與 LD 的最大不同在於樣品的製備。使用 MALDI 分析蛋白質前，需先將分析物配製於適當的介質中，再使用雷射撞擊配製好的樣品（圖二）。用這個方法分析蛋白質，不論是靈敏度及質量範圍，皆遠優於之前的 FAB 及 PD。圖三為筆者實驗室在 1997 年使用 MALDI 分析蛋白質的質譜圖。分析物之分子量較圖一高出甚多，而且得到這張圖譜所花的時間僅需數分鐘。

2002 年諾貝爾獎委員會宣布由田中耕一獲此獎項時，相信對許多人來說都是相當震撼的消息，當筆者由電視上得知，有一位日本人得到質譜分析法的相關獎項時，就想到應該是田中先生，雖略感訝異，但更為訝異的是德國的何倫坎（Franz Hillenkamp）教授竟然沒有得獎。何倫坎和田中兩人都於 1988 年提出 MALDI 這種技術，而且目前 MALDI 所使用的有機介質部分的技術，幾乎全是何倫坎教授所提出。

何倫坎做過很多與 MALDI 相關的演講，也寫過許多回顧性的文章，可以說是公認的 MALDI 專家。美國質譜儀學會也於 1997 年因何倫坎教授在質譜的成就而頒給他傑出貢獻獎。根據日本媒體報導，諾貝爾獎委員會是在最後一刻才決定以不甚有名且發表文章甚少的田中取代何倫坎。這個引人爭議的決定是否正確，也許見仁見智，但若回顧 MALDI 發展的歷史，田中先生顯然較何倫坎教授更早於學術研討會上發表 MALDI 的成果。

田中先生於 1987 年 9 月 15 至 18 日，於日本 Takerazuka 舉行的中國—日本雙邊質譜研討會中，發表了使用 MALDI 分羥基胜肽酶（分子量 34529）的圖譜，另一張圖譜中也展示了溶菌（分子量 14307）超過十萬的七聚合體質譜峰。田中將蛋白質配製於直徑 300Å 的鈷粒子及甘油中，再使用氮氣雷射撞擊配製好的樣品，得到蛋白質分子離子的訊號。

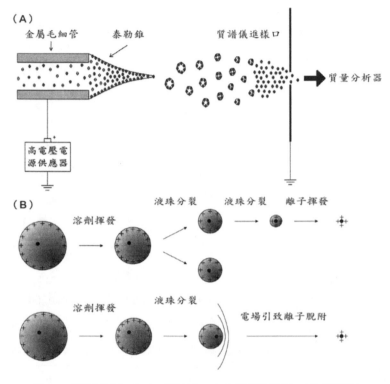

（A）

金屬毛細管　泰勒錐　質譜儀進樣口

質量分析器

高電壓電源供應器

（B）

液珠分裂　液珠分裂　離子揮發

溶劑揮發

溶劑揮發　液珠分裂

電場引致離子脫附

圖四　電灑法簡圖；（A）電灑現象；（B）游離化機制。（作者提供）

何倫坎則於1988年8月在法國波爾多召開的國際質譜會議中首度發表了MALDI的數據，他將蛋白質配製於有機分子尼古丁酸中，再使用雷射（Q-switched Nd:YAG laser）來脫附分子離子，還成功分析了牛血清蛋白（分子量66750）的蛋白質。雖然田中和何倫坎皆於1988年正式發表他們的成果，但是田中較何倫坎早十一個月於學術會議中發表，這可能就是諾貝爾獎委員會作出最後決定的主要原因。

◎ 費恩與電灑法

　　電灑是指當液體由一前端施以高電壓的毛細管流出時，液體受電場影響，被分散成帶電的液滴噴灑而出的一種現象（圖四A），亦即由帶電荷液滴至形成氣相離子的過程。目前有兩種不同的解釋機制，這兩種機制基本上都是在解釋：一個溶液中的離子如何由帶電荷液珠中形成氣相離子之過程（圖四B）。使用電灑法分析蛋白質時觀測到的典型質譜圖如圖五。由圖五A可知，一個蛋白質在質譜圖中出現了相當多的質譜峰，這些質譜峰是因同一分析物帶不同電荷時不同的m/z（質量電荷比）值所造成。若經過簡單的轉換，便可得到蛋白質的正確質量（圖五B）。

　　1984年，費恩首度發表以電灑方式作為離子化的方法，當時這個技術的主要目的，是提供能與液相層析結合的一種質譜介面，一直到1988年，費恩首度發表了使用ESI分析蛋白質的數據後，才受到世人廣泛的注意。目前這個新穎的技術，在蛋白質的分析及液相層析／質譜中，皆佔有重要的地位。

◎ 創意？意外？

　　科學上許多重要的突破是無意中發現的。據媒體報導，田中是因為不小心將兩種基質混在一起（可能為金屬粉末與甘油）而發展MALDI；何倫坎則在一篇文章中提及，MALDI是他的伙伴卡拉斯（Michael Karas）在分析兩種胺基酸混合物（白胺酸、丙胺酸）時發現的，這兩種胺基酸在266nm雷射下產生訊號所需最低強度差異甚大（超過十倍），但即使將雷射的強度調低到只足夠離子化白胺酸，卻仍可觀測到丙胺酸的訊號。這結果表示：丙胺酸能靠著白胺酸的幫忙而被偵測到，因此白胺

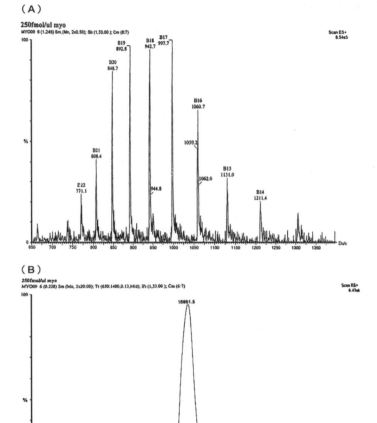

圖五 （A）馬心臟肌紅素之電灑法質譜圖，B14~B22代表所帶電荷數；（B）馬心臟肌紅素經轉換後之電灑法質譜圖。（作者提供）

酸可視為丙胺酸的介質。

由何倫坎那篇文章來看，何倫坎等人和田中可能是各自獨立發現介質輔助的現象，這點和媒體所言何倫坎未獲獎是因靈感來自田中的說法並不相符，筆者推測與何倫坎是在卡拉斯幫助下，才發展MALDI的這一事實有關。也因此1997年美國質譜學會（ASMS）同時頒獎給何倫坎和卡拉斯兩人，諾貝爾委員會若決定同時頒給田中、何倫坎和卡拉斯三人，似乎又太多了些，這可能就是何倫坎未得獎的另一個原因。然而，美國質譜學會頒獎給何倫坎及卡拉斯，卻從未頒獎給田中先生，對許多質譜界人士而言，「意外」和「跌破眼鏡」應是可以理解的。

而費恩在1984年首度使用ESI時，對好幾個分子量1000至1500的胜（選擇分子量1000以下的胜，是因為所用質譜儀質量上限為1500amu）觀測到的主峰是帶雙電荷的質譜峰，而非單電荷的分子離子峰，可惜當時沒有特別留意到。一直到1987年分析聚乙二醇時，發現分子量15000~20000的分子，可攜帶多至二十三個鈉離子，才真正意識到這個大分子帶多個電荷的現象。因此在隔年（1988年）費恩即發表了以質量上限1500amu質譜儀（與1984年儀器相同）分析分子量40000蛋白質的質譜圖，將ESI由一個不甚受人注意的技術，一下子推到了舞台中央。

設想：若費恩在1984年即注意到多電荷的現象，而發表使用ESI分析大分子蛋白質的技術，則MALDI會出現嗎？如果已有一個很好的分析方法（ESI），仍會有許多研究人員繼續探討其他的離子化方法嗎？如果沒有MALDI而只有ESI，今日的ESI會比目前更先進嗎？一個研究者一時的注意或疏忽可能造成的巨大影響，也是科學研究一個令人著迷的地方。

◉ 結語

　　質譜儀目前已被廣泛應用在蛋白質分析上，其中包含蛋白質鑑定及定量、蛋白質間或蛋白質與其他生物分子間非共價性交互作用，以及蛋白質轉譯後修飾作用中修飾的種類、位置、程度等。例如最近蛋白質鑑定及定量上廣受注目，能用於探討細胞於不同狀態下的一種技術：同位素定碼親和性標籤（isotope-coded affinity tag, 簡稱 ICAT），便可大幅縮短探討細胞差異所需的時間。這些資訊對瞭解細胞在分子層次的運作至為重要，也唯有在分子層次瞭解細胞的運作，才能進一步調節並控制基因的表現，以解決（或舒緩）生物在生命旅程中所面臨的各種問題。

何國榮：台大化學系

揭開細胞膜通道的奧祕

文｜奇云

2003年諾貝爾化學獎授予美國科學家艾格瑞和麥金南，
表彰他們在細胞膜通道研究中做出的開創性貢獻。
這是近一世紀來，諾貝爾獎第四次頒給研究細胞膜通道的科學家。

麥金南
Roderick MacKinnon
美國
美國洛克菲勒大學

艾格瑞
Peter Agre
美國
約翰霍普金斯大學醫學院

瑞典皇家科學院在10月8日公開宣布,將2003年諾貝爾化學獎授予美國
約翰霍普金斯大學醫學院的學者艾格瑞和紐約洛克斐勒大學的麥金南,
以表彰他們在細胞膜通道研究中做出的開創性貢獻。

◎ 沿著細胞膜通道走向諾貝爾化學獎

　　包括人類在內的各種生物都是由細胞所組成。細胞要維持正常的生
命活動,不僅細胞內的物質不能流失,而且其化學組成必須保持相對穩
定,這就需要在細胞和它所處的環境間起屏障作用的結構——細胞膜——
來維持。但細胞在不斷進行新陳代謝的過程中,又需要經常從外界得到
氧氣和營養物質,並將細胞的代謝產物排出,而這些物質的進出,都必
須經過細胞表面的細胞膜。因此,細胞膜必然是一個具有特殊結構和功
能的半透性膜,允許某些物質或離子選擇性的通過,但又能嚴格地限制
其他一些物質的進出,保持細胞內物質成分的穩定;除了有物質轉運功
能外,還有跨膜資訊傳遞和能量轉換功能,這些功能的機制是由膜的分
子組成和結構決定的。膜成分中的脂質分子層主要起了屏障作用,而膜
中的特殊蛋白質則與物質、能量和資訊的跨膜轉運和轉換有關。

　　諾貝爾化學獎評選委員會表示,艾格瑞獲獎是由於發現細胞膜分子
的水通道,也稱為水通道蛋白。這一發現為最終整個水通道蛋白家族的
發現奠定了基礎,也為整個水通道的生物化學、生理學和遺傳學研究打
開了大門。另一獲獎者麥金南的貢獻在於對離子通道結構和機理研究作
出了開創性貢獻。離子通道是指一系列細胞跨膜蛋白,這些蛋白質的孔
洞為無機離子提供了進出細胞的途徑。瑞典皇家科學院宣稱,麥金南
1998年在原子層次展示了離子通道的結構,這與艾格瑞在水通道方面的
發現一起為生物化學和生物學開拓出新的研究領域。

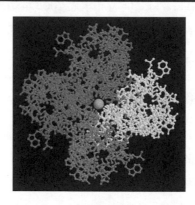

麥金南從 *Streptomyces lividans* 細菌中,取得鉀離子的通道蛋白質之高解析度結構圖,圖中顯示為四個軸向的次單元,中心圍著圓球體的鉀離子。

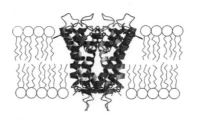

麥金南所提出的鉀離子通道蛋白簡圖,外觀為圓錐體,埋於細胞膜中。

　　不過,以往諾貝爾獎通常頒發給年齡較大的科學家,獲獎成果都經過幾十年的檢驗。但艾格瑞只有五十四歲,而麥金南才四十七歲。他們的成果也比較新:麥金南的發現產生於五年前,艾格瑞的工作於1988年完成。瑞典媒體對此評論說,這在諾貝爾獎歷史上是比較罕見的。

　　另外,諾貝爾化學獎不一定是給化學家,而是給對化學有貢獻的人,例如1980年的三位化學獎得主分別是化學家、物理學家和數學家,因為

物理學家用X光決定化學結構，數學家建立一套數學理論，再加上化學家的研究而成。化學獎有四個領域，分別是：有機化學、無機化學、物理化學和生物化學，而艾格瑞和麥金南獲得的顯然是生物化學，基本上他們是從生物和醫學觀點，用化學方法來探討，才得到了化學獎。2003年諾貝爾化學獎及生醫獎的結果都顯示出了當代科學跨領域研究的趨勢。

◎ 麥金南揭示離子通道的結構和機制

麥金南在波士頓郊外的伯林頓（Burlington）長大，家中連他共有兄弟姐妹七人。他從小喜歡顯微鏡，至今還能回憶起研究青草、葉子和昆蟲的樂趣，他曾經說：「我喜歡觀察最微小東西的遊動。」1978年，他在波士頓Brandeis大學獲學士學位，1982年在波士頓Tufts大學醫學院獲醫學博士學位。為了進行在生物化學領域的博士後研究，他放棄了行醫計畫，並自1996年起一直擔任紐約洛克斐勒大學Howard Hughes醫學院分子神經生物學教授，於2003年由於對離子通道結構和機制的研究而獲獎。離子通道是一種細胞膜通道，它使細胞產生電信號，是神經系統中負責傳遞信號的主要分子。有許多神經系統和肌肉等方面的疾病與其有關。

生命離不開水，大多數對生命來說至關重要的物質都是水溶性的，比如各種各樣的離子或糖類等。這就帶來了一個基本的問題：它們要進入細胞就必須越過細胞膜內部親脂的基團，而這並不容易。反之，生命活動中所產生的水溶性廢物要出去，也同樣困難。有人說生命就是一場遊戲，不過只有勝利者才能繼續玩下去，很顯然地，如果誰能率先加速這些物質進出細胞，誰就有了生存的優勢，而最簡單的方法就是在細胞膜上安置一個門，給水溶性的物質提供一個專門的通道。對於那些專門

離子通道的巧妙設計 ◎王文竹

離子通道非常奧妙，作用方式比水通道更複雜，若說鈣離子和鉀離子，那還可以說是 +2 價與 +1 價有所不同，是可以控制的。但是鉀離子和鈉離子都是 +1 價，為什麼鉀離子可以通過，而更小的鈉離子卻不能通過呢？直到 1998 年，麥金南從 *Streptomyces lividans* 細菌中，取得稱作 KcsA 的離子通道蛋白質之高解析度結構圖，方得解開其秘密，這張圖可看到一個個的原子及鉀離子在細胞膜外，細胞膜的離子通道口及通道內的各個部位，也都一目瞭然。

鉀離子在膜外時，被六個水分子上下左右前後地包圍住，因為水分子具有極性，可與鉀離子的正電相吸而結合，形成水合作用，使其較為穩定，當其靠近鉀離子通道口及進入通道時，水分子逐一脫去，但每脫去一個水分子，就有一個通道壁上蛋白質的氧原子遞補上去，就像接力賽跑一樣，鉀離子被逐步傳送進去。極為

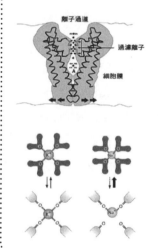

巧妙的安排是在鉀通道壁上伸出的氧原子，其排列構成與水合鉀離子時的氧原子完全一致，所以鉀離子可以完全不損失其能量的穩定，順暢地輸送通過。

鈉離子在膜外時，也被六個水分子包圍，形成水合狀態，當其進入到通道口時，欲脫去水分子進入通道，卻得不到膜壁上氧原子的全力歡迎，因為此通道是為鉀離子而設置，較寬大些，鈉離子只能與兩個氧原子結合。此時，相對於膜外的水合作用，少了許多氧原子的配位較不穩定，鈉離子就比較願意留在膜外的穩定狀態。小離子不能走大洞，真是巧妙設計，而每種離子都有各自專屬的通道，井然有序。

用來幫助離子進出細胞的通道，我們稱為離子通道。

（一）早期的離子通道研究

早在 1890 年，奧斯特瓦得（Wilhelm Ostwald，1909 年諾貝爾化學

獎得主）就推測離子進出細胞會傳遞資訊。而後1920年代，科學家證實存在一些供離子出入的細胞膜離子通道。到1950年，霍奇金（Hodgkin）和赫胥黎（Huxley）在烏賊巨大軸突細胞膜上的離子傳導研究中發現，離子從一個神經細胞中出來、進入另一個神經細胞時可以傳遞資訊，這一研究開啟了神經生理學的新篇章。為此，他們獲得1963年諾貝爾生醫獎。不過，那時科學家並不知道離子通道的結構和工作原理。那麼通道由誰來提供呢？生命的具體功能主要都是由蛋白質提供，這裡也不例外。細胞生產一些特別蛋白質，它們能鑲嵌在細胞膜上且彼此聚集，中間的孔隙為水分子所佔據，這就給那些水溶性的分子或離子提供了一個進出細胞的通道。

在物質的細胞跨膜運轉過程中，細胞通過控制相應通道的開啟和關閉，來調節相應物質進出細胞的速度，實現細胞的需要，完成相應的功能。對於人類而言，細胞對幾種無機離子（Na^+、K^+、Ca^{2+}、H^+等）進出的管理，甚至涉及到生命的根基以及某些疾病的機制，比如神經衝動的產生、心臟的節律性跳動、肌肉細胞的收縮和能量的生成（ATP）等等。生命的奇妙每每使我們油然而生讚歎之心，對離子通道的研究也同樣如此。而科學家奈爾（Erwin Neher）和沙克曼（Bert Sakmann）則由於發現了細胞膜上的離子通道，獲得1991年的諾貝爾生醫獎。

離子通道廣泛存在於各種細胞膜上，是離子進出細胞的通路。其中電位調控型離子通道能感應細胞膜電位變化，而快速精準地開啟或關閉，在肌肉及神經動作電位傳遞上至為重要。

由於離子通道讓細胞能夠產生並傳遞電訊號，是建構神經系統的基本分子。很多疾病，比如一些神經系統疾病和心血管疾病，就是由於細胞膜通道功能紊亂造成的，因此對細胞膜離子通道的研究可幫助科學家

尋找具體病因,並研製相應藥物,且利用不同的細胞膜通道,可調節細胞的功能,從而達到治療疾病的目的。現在,已有越來越多的研究機構針對離子通道的電位感測機制設計新的藥物,這為治療離子通道疾病開啟新的方向。

(二) 麥金南的研究工作

1998年,麥金南利用X射線晶體成像技術獲得了世界第一張離子通道的高解析度照片,並第一次從原子層次揭示離子通道的工作原理,這震驚了整個學術界。這張照片上的離子通道取自鏈黴菌,也是一種蛋白。他揭示了當離子穿過細胞膜時,不同的細胞透過電位變化發出信號,來控制離子通道的開啟或關閉;同時,離子通道藉由過濾機制只讓鉀離子通過,而不讓鈉離子通過。離子通道理論對於瞭解神經和肌肉組織的功能十分重要。當一個神經細胞的離子通道接受指令而打開,動作電位就會產生,在離子通道的幾毫秒開關過程中,一個電子脈衝就會沿著神經細胞的表面傳播開來。

2002年同樣由麥金南研究小組發現的鈣離子活化型鉀離子通道MthK三度空間結構,則捕捉了離子通道的開放狀態。麥金南的研究小組隨後陸續發表了內整流型鉀離子通道、氯離子通道及電位調控型鉀離子通道的部分或完整結構。麥金南在鉀離子通道結構與功能研究的貢獻,不但揭開離子選擇性、通道開關及通道去活化等概念的神祕面紗,更提供了多種神經、肌肉、心臟血管疾病的分子機制及未來藥物設計的可能性。

為了解釋他的這項研究,麥金南曾把離子通道比作「漂在油裡的小炸麵圈」。當他著手探索離子通道結構時,人們認為這是一項令人生畏的研究專案,但是洛克斐勒大學告訴他說,他們喜歡願意冒風險的科學家,

也願意支援他進行這種嘗試。

獲得諾貝爾獎的消息第一次傳來的時候，麥金南和妻子正在麻州科德角的別墅裡度假。他的助手早晨打電話來說：「祝賀您，您獲得了諾貝爾化學獎。」麥金南說：「你肯定是弄錯了，我猜這是有人在惡作劇。」然後他上網查了google網站的新聞搜索引擎，只找到了生醫獎和物理獎得主的相關新聞，沒有發現提及化學獎。稍後，從洛克斐勒大學打來的電話讓他最終相信，他得獎的消息是真的。

麥金南高興地說：「這消息簡直是晴天霹靂，完全出乎我的意料之外。如果我真的期盼獲獎，我就不會銷聲匿跡地跑到科德角來度假了。我一直讓自己保持清醒，我還沒完全理解這代表著什麼，但是這太棒了！這是天大的好消息，是一分殊榮。我的信條是，如果你善待科學，科學就會眷顧你。」

◉ 艾格瑞發現了細胞膜上的水通道

艾格瑞於1949年生於美國明尼蘇達州小城Northfield，1974年在巴爾的摩約翰霍普金斯大學醫學院獲得醫學博士，現為該學院生物化學教授和醫學教授。艾格瑞由於發現了細胞膜上的水通道而獲獎。

早在19世紀中期，科學家便提出細胞膜中存在通道的假設。1950年代中期，科學家猜測細胞膜存在著某種只允許水分子出入的通道，人們稱為水通道。因為水對於生命非常重要，可說水通道是最重要的一種細胞膜通道。儘管科學家猜測存在水通道，但水通道到底是什麼卻一直是個謎。

1988年，艾格瑞研究了不同的細胞膜蛋白，經過反覆研究，他成功分離了存在於血紅細胞膜和腎臟微管上的一種膜蛋白CHIP28（現稱為

aquaporin 1或AQP1），後來他認識到這個膜蛋白就是人們尋找已久的水通道。為了驗證自己的發現，艾格瑞把含有CHIP28膜蛋白的細胞和去除了這種蛋白的細胞進行比對試驗，結果前者能吸水，後者不能。為進一步驗證，他又製造了兩種人造細胞膜，一種含有CHIP28膜蛋白，一種則不含這種蛋白，然後他將這兩種人造細胞膜分別做成泡狀物放在水中，結果第一種泡狀物吸了很多水而膨脹，第二種則沒有變化。這結果說明了水通道膜蛋白具有吸收水分子的功能，也就是水通道。

艾格瑞把這個CHIP28蛋白命名為aquaporin。aqua是水的意思，porin是細胞膜孔道蛋白的意思。在此之後，艾格瑞鑑定出了十種aquaporin蛋白，它們在人體內位於肺泡表面、腎臟微管和淚腺等其他地方。艾格瑞及其合作者猜想應能發現aquaporin蛋白有缺失的人，為了驗證他們的猜想，艾格瑞等人把目光投向了國際血液銀行，找到六個aquaporin 1（AQP1）有缺陷的家族。在追蹤兩個個體：三十七歲的北卡羅萊納州女性和五十七歲的法國女性，對她們禁水二十四小時後，發現她們濃縮尿的能力有限。因為AQP1不僅參與腎臟中的水運輸，而且參與其他器官，如肺中水的運輸，因而科學家們猜想這一蛋白有缺失將導致嚴重的健康問題，但奇怪的是她們並沒有嚴重的健康問題。研究人員相信她們體內有某種程度的補償機制，減輕了這個問題。

目前，科學家發現水通道蛋白廣泛存在於動植物和微生物中，它的種類很多，僅人體內就有十一種，在阿拉伯芥中則多達三十五種。水通道使細胞得以調節其體積與內部滲透壓，在人體的泌尿系統及植物的根部扮演重要角色，比如在人的腎臟中就起著關鍵的過濾作用。通常一個成年人每天要產生150~200公升的原尿，這些原尿經腎臟腎小球中的水通道蛋白的過濾，其中大部分的水都會被人體循環利用，最終只有約1公

水通道如何工作 ◎王文竹

2000年，艾格瑞提出有關水蛋白（aquaporin）三度空間結構的高解析度影像，根據這個結構圖，我們才可以按圖索驥地瞭解水通道的工作細節。當然，我們的主要疑惑在於為什麼只有水分子可以通過，而其他的小分子及離子都過不了？其中最重要的是限制了氫離子的進出，因為氫離子在細胞的內外是有別的，是細胞中關於能量儲存的重要因子。

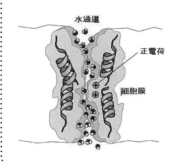

高選擇性是水通道的核心性質。在水蛋白構成極狹窄的通道壁上，有著局部的電場存在，水分子具有極性，可在此通道中扭轉蠕動，緩慢前行而通過，其他分子比水大，就過不去了，氫離子帶正電荷，通道中有正電荷「門將」把關，電荷相斥，也被通道排阻於外。

升的尿液排出人體。2000年，艾格瑞與其他研究人員公布了世界第一張水通道蛋白的三維結構圖，詳細解釋了水分子是如何通過該通道進入細胞膜，與其他微分子或離子無法通過的原因。這個決定性的發現為生物化學、生理學和基因科學開啟了一系列新的研究領域，並被大量用在研究細菌、植物和哺乳動物的細胞結構上。

艾格瑞有四個孩子，其中三個已上大學。他說，他和妻子瑪麗很可能將大部分獎金當作孩子的教育經費。不過他也強調將利用部分獎金來捍衛學術自由。

◉ 結語

細胞膜上的通道蛋白控制水、離子及一些小分子進出細胞，在許多

生物的反應中,例如神經衝動傳導、心肌收縮、腎臟回收水分及植物根部吸水等過程中扮演關鍵的角色。

　　本屆諾貝爾化學獎得主麥金南的鉀離子通道與艾格瑞的水通道的研究成果,讓我們在原子層次瞭解細胞膜是如何控制物質進出細胞的。(編按:本文經陽明大學高閬仙教授校訂,謹致謝忱。另,艾格瑞照片攝於Johns Hopkins Medical Institutions/Bruce Weller.)

奇云:安徽省淮南職業醫學專科學校

貼上標籤步向分解的蛋白

文｜羅時成

2004年諾貝爾化學獎頒贈給三位生化學家，
他們發現有關細胞如何調控蛋白質分解的相關機制，
並解釋了細胞週期、細胞如何調控染色體修補，
以及癌症產生的原因。

塞卡諾渥
Aaron Ciechanover
以色列
以色列科技學院
（塞卡諾渥提供）

賀赫希柯
Avram Hershko
以色列
以色列科技學院
（賀赫希柯提供）

羅斯
Irwin Rose
美國
加州大學爾灣分校
（羅斯提供）

筆者於1999年發表在《科學月刊》一文，敘述布洛柏爾（Gunter Blobel）發現蛋白質的「郵遞區號」及獲諾貝爾生理醫學獎的理由，在文末提到蛋白質分解的調控也很重要。未料事隔五年，諾貝爾化學獎頒贈給三位生化學家。現年五十七歲的塞卡諾渥和六十七歲的賀赫希柯任職於以色列科技學院；七十八歲的羅斯任教於美國加州大學爾灣分校。由於他們在1978年合作探討細胞內特殊的蛋白分解方式，提出調控蛋白分解的新機制而獲獎。

細胞學的「中心法則」（central dogma）清楚指出DNA為生物資訊的藍本，此資訊經轉錄成RNA，再轉譯成蛋白質，經摺疊和剪裁後依蛋白質的「郵遞區號」送到目的地，如細胞核、細胞膜或粒線體，去執行細胞各種代謝來呈現生命現象。細胞內有成千上萬種不同的蛋白質，在執行完功能後，總不能長生不老（死），所以它們也與細胞或生物得面對老和死的命運一樣，最終會被分解成胺基酸。

蛋白質的分解通常需要蛋白來催化，蛋白按其執行功能的位置可分成細胞外蛋白和細胞內蛋白。前者如消化道所存在的胃蛋白和胰蛋白，它們在細胞外進行蛋白質的分解，以便幫助細胞吸收；後者種類較多，有蛋白質內分解與蛋白質外分解。它們的功能在於促進細胞內胺基酸的循環使用。有些細胞在電子顯微鏡的觀察下能看到溶體（lysosome），這項特別的胞器內含有各式各樣的蛋白，是細胞用來分解各種老化胞器和大分子（包括蛋白質）的工具；大部分的蛋白在酸性（pH 4.8）情況下活性最高。

◎ 特異的蛋白質分解活性

一般細胞進行小分子合成大分子需要消耗能量（ATP），將大分子分解成小分子則不需耗能。1977年高爾伯（Goldberg）利用兔子未成

熟的紅血球溶解液（reticulocyte lysate）做蛋白質分解研究時，因為加入ATP抑制劑時觀察到蛋白質分解活性降低，因而發現一些異常蛋白的分解需要ATP參與，同時這個反應異於溶體內蛋白最佳的酸鹼度，反倒在pH 7.8時活性最佳。2004年的三位獲獎人中，塞卡諾渥和賀赫希柯於1978年從以色列前往當時在美國費城的羅斯實驗室，一起合作研究特異的蛋白分解現象，花了數年功夫提出調控蛋白分解的新機制而解開謎津，發現這種特殊的蛋白分解方式需要先與泛素（ubiquitin）形成鍵結，然後才走上分解的不歸路。

泛素最早是在1975年發現於牛的胸腺細胞，是由七十六個胺基酸所組成，起初以為它與淋巴球的分化過程有關，後來發現除了細菌之外，許多不同組織甚至不同的生物都有泛素存在而推翻了這個假說。泛素除了單獨存在之外，有一組科學家發現泛素可與組織蛋白H_2A形成共價鍵，產生所謂的「蛋白質A24」，而這蛋白有兩個胺基（N）端卻只有一個羧基（C）端，至於組織蛋白與泛素形成共價鍵的生物意義，目前還不清楚。

1978年三位獲獎人利用紅血球系統，找尋參與這種特異蛋白質分解的成分。他們首先利用層析法（chromatography），把紅血球的血紅蛋白移除後分成兩部分，這兩部分分開時毫無分解蛋白的作用，但加在一起就顯示出活性；他們在第一部分找到一個分子量僅9000並耐熱的蛋白稱為APF-1（active principle of fraction 1），之後才知道APF-1就是與組織蛋白H_2A形成共價鍵的蛋白，後來也發現這個蛋白存在於各種真核細胞和各種不同細胞內，因此統稱作「泛素」（ubiquitin）。

● 泛素標示引起蛋白質分解

1980年三位得獎人對泛素如何引起蛋白質分解有突破性的發現。他

們利用具有放射性的 I^{125} 標示泛素，並將標示過的泛素混在紅血球的溶解液中，發現有許多蛋白的離胺酸（lysine）都會與泛素形成共價鍵，更重要的是，不像「蛋白質A24」僅與單一個泛素鍵結，這次實驗中的蛋白是與多個泛素鍵結。他們也利用免疫沉澱法（immuno-precipitation），找到與泛素一起沉澱下來、分子量約450000的複合物，這個複合物後來被科學家鑑定為蛋白體（proteasome），同時也發現另外三個酵素活性，因此他們推測這種仰賴ATP的蛋白質分解需要經過三個酵素活性步驟方能完成，並提出「多步驟泛素標示」的假說（multistep ubiquitintagging hypothesis），亦即所謂「泛素標示引起蛋白質分解」的細胞機制。

這個假說中的三個酵素分別被命名為 E1（ubiquitin-activating enzyme）、E2（conjugating enzyme）和E3（ubiquitin ligase）。首先E1和泛素在水解ATP下產生鍵結，之後鍵結的泛素由E1轉到E2上，E3能辨識將被分解的蛋白、同時將E2上的泛素轉移到該蛋白質上，這個反應可重複數次，因此該蛋白被多個泛素標示後，最後被轉送到蛋白酶體，分解成含七到九個胺基酸的胜肽片段。

由於三步驟造成蛋白質分解的特性，加上科學家後來發現在哺乳類細胞內僅有一到二種E1酵素，約有十來種E2酵素，卻有上百種不同的E3酵素，因此可以推論E3具有專一性的辨識功用，能辨認各種將被分解的蛋白質。

一個細胞內大約有三萬個蛋白體，它們是個桶狀的結構，蛋白活化區在桶內，蓋子上如同鑰匙孔般的複合體蛋白可和多泛素標示的蛋白結合，先將泛素切割下來循環使用，並將所剩蛋白引導到桶內分解成胜片段。

一開始時，這三位科學家是利用非完整細胞系統作研究，希望能藉此找出這種機制代表的細胞生理意義。他們利用放射性色胺酸

（tryptophan）標示細胞內蛋白質，因為泛素不含此胺基酸，所以當利用抗體沉降泛素時，可以瞭解被色胺酸標示的新合成蛋白質有多少被分解，結果顯示新合成的蛋白中有30％會立刻被分解，其原因可能是這些蛋白摺疊錯誤而遭受分解回收的命運，以達到細胞品管蛋白質的效果。

真正瞭解泛素標示所引起蛋白質水解的細胞生理意義，是來自一株突變的小鼠細胞株（ts85）實驗。這是一株溫度敏感的細胞株，它在低溫時生長正常，可是在高溫時，因為染色體複製發生問題，加上一些功能上的差錯，無法進入細胞分裂期，而被停止在細胞週期的G2時期；同時「組織蛋白A24」在高溫時無法偵測到，若恢復到低溫則又會出現，顯然將泛素黏到組織蛋白的酵素在高溫時不穩定或沒有作用，相對地在低溫時就恢復功能。後來證實ts85細胞的E1基因突變了，由此可以進一步瞭解到泛素標示不只管控蛋白質的品質，它也調控了細胞週期、染色體的複製以及染色體的結構。

● 相關的細胞生理意義

後來越來越多例子闡明泛素標示所引起蛋白質分解的生理重要性，茲舉例如下：

細胞週期

除了在ts85細胞找到E1調控細胞週期的例子之外，也在酵母菌中找到Cdc34蛋白可調控酵母菌的分裂，此蛋白屬於E2。至於E3參與調控細胞週期最好的例子為APC（anaphase-promoting complex），APC這個複合酵素體除了促使單純的 Cyclin B 與 Cdc 蛋白複合體中的 Cyclin B 分解，讓細胞週期進入 G1 外，主要是管控細胞在有絲分裂或減數分裂時，

染色體會向兩極運動。

細胞分裂時當染色體並排在赤道板上，有一些蛋白質像繩索一樣綁住同源染色體，使其無法分開，當細胞分裂由中期步入後期，APC會被活化，活化後的APC將一連串的泛素標示在一種稱為後期抑制物（anaphase inhibitor）的蛋白質上，使其步向分解；後期抑制物原本抑制住一種負責分解蛋白的酵素，抑制物分解後，被活化的酵素會如同一把利剪，剪開綁住同源染色體的蛋白質，於是染色體獲得鬆綁，分別移向兩極，形成兩個新細胞核。若染色體鬆綁有問題，容易造成染色體不均勻的配子，因而發生的問題如自然流產，或多了一條第21號染色體所引起的唐氏症；許多癌細胞都發現染色體個數或套數異常，其成因很可能就是APC這個E3酵素發生了突變。

細胞凋亡和修補染色體

細胞內有一分子量約53000的蛋白，稱作p53，它是基因體的守護神，同時也是抑癌的大將。當它正常運作時，細胞癌化的機會很低，而人類產生的癌細胞有50%是因為p53基因突變了。平時p53總是透過標示泛素及E3酵素（Mdm2）進行分解，以保持一定的量。一旦染色體受損，p53就馬上被磷酸化，而無法與Mdm2結合走向分解之路。因此p53濃度上升，多餘的p53以轉錄因子的角色開啟修護染色體的相關基因，進行染色體修補。若修補不成功則啟動細胞凋亡程式，顯示E3間接扮演調控染色體修補和細胞凋亡的角色。

經公衛調查認為，人類子宮頸癌的產生與人類乳突瘤病毒（HPV）感染有密切關係，分子層次的機制在於HPV會激活另一個E3酵素（E6-AP）與p53作用，將泛素標示在p53，使p53分解後濃度下降。一旦細胞染色

體受損，p53因濃度過低不足以啟動染色體修補的基因和細胞凋亡程式，基因突變遂逐漸累積，最後細胞不死而逐步成為癌細胞。

● 免疫與發炎反應

NF-κB是一個與免疫及發炎反應相關的轉錄因子。它平時停留在細胞質內，是因為它的抑制蛋白IκB與它結合，遮住了進入細胞核的「郵遞區號」而停留在細胞質中。一旦細胞受細菌或病毒感染，啟動了免疫細胞發炎的訊號，將IκB磷酸化，被磷酸化的IκB就會步上泛素標示所引起蛋白質水解途徑，NF-κB鬆脫了束縛，被帶入細胞核啟動發炎反應的基因，如一些細胞素等。另外當有病毒侵入細胞，泛素標示引起的蛋白質水解也會發生作用，將病毒蛋白切成碎片與MHC-1分子呈現給T淋巴球，激活了T淋巴球，使T淋巴球攻擊被病毒感染的細胞。

除了上述哺乳類細胞的例子外，植物阻止自花受粉及果蠅眼睛的發育，也受泛素標示引起的蛋白質分解調控。大多數的開花植物是雌雄同體，如果都以自花授粉來延續後代，會造成遺傳歧異度的窄化，假以時日容易在某一特殊環境下全部死亡。植物為了避免自花授粉所帶來滅種的危機，演化出以泛素標示引導蛋白水解的方式，來分解同株花粉粒的蛋白，使之無法受精。其詳細機制尚不十分清楚，不過肯定的是E3參與這種調控角色。中研院簡正鼎實驗室研究果蠅眼睛的發育也發現，E3亦扮演多重主要角色，包括細胞的增生、分化與凋亡的調控，更說明了獲獎人的發現呈現在生物學上的普遍性。

泛素標示引起蛋白質分解

1. E1和泛素水解ATP後產生鍵結。

2. 泛素由E1轉移到E2。

3. E3能辨識目標蛋白同時將E2上的泛素轉移到該蛋白質上。

4. 標示上泛素的目標蛋白由E3釋放出來。

5. 細胞內會一直重複步驟3直到一串泛素鍵結在目標蛋白上。

6. 蛋白體上的複合體蛋白可和標示上泛素的目標蛋白結合，先將泛素切割下來循環使用，並將蛋白引導到內部的蛋白酶活化區，分解成胜肽片段。

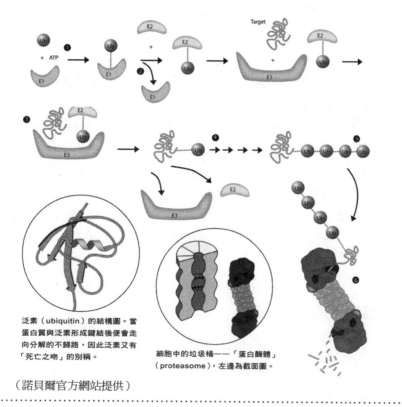

泛素（ubiquitin）的結構圖。當蛋白質與泛素形成鍵結後便會走向分解的不歸路，因此泛素又有「死亡之吻」的別稱。

細胞中的垃圾桶——「蛋白酶體」（proteasome），左邊為截面圖。

（諾貝爾官方網站提供）

標示泛素機制也與細胞週期調控有關

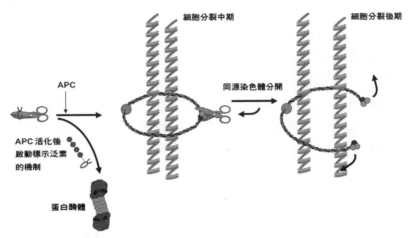

在有關細胞週期的相關調控中，有一種蛋白質複合體稱作APC（anaphase-promoting complex），扮演的角色如同E3。當細胞分裂由中期步入後期，APC會被活化，活化後的APC將一連串的泛素標示在一種稱為後期抑制物（anaphase inhibitor）的蛋白質上，使後期抑制物步向分解；後期抑制物原本抑制住一種負責分解蛋白的酵素，被活化的蛋白分解酵素會如同一把利剪，剪開綁住同源染色體的蛋白質，於是染色體獲得鬆綁，分別移向兩極，形成兩個新細胞核。當染色體鬆綁有問題，造成異常的個數或套數，許多疾病便應運而生。（諾貝爾官方網站提供）

◎ 結語

　　過去科學家研究有關蛋白質的代謝多著重於合成，2004年三位獲獎人反其道研究蛋白質如何被分解，因而打開了一扇大門，使我們瞭解蛋白質分解的調控與許多生命現象息息相關。有趣的是，他們的發現理應

與1999年發現蛋白「郵遞區號」的布洛柏爾一樣獲生醫獎才對,卻獲得化學獎,這顯示化學與生物醫學的界限是越來越不易劃清了!

羅時成:長庚大學生命科學系

分子的舞動奇蹟

文｜李偉英、梁蘭昌

2005年的諾貝爾化學獎頒給三位在烯烴複分解反應有卓越貢獻的學者——
法國科學家蕭文、美國科學家葛拉布茲和施洛克。
在他們眼中，烯烴複分解反應就像是一場有趣的分子之舞。

蕭文
Yves Chauvin
法國
法國科學院

葛拉布茲
Robert H. Grubbs
美國
加州理工學院

施洛克
Richard R. Schrock
美國
麻省理工學院

● 催化劑與諾貝爾獎

催化劑的創造和應用，在近代化學史上佔有重要的地位；尤其是與人類生活息息相關的日常用品，其製作方法及過程大多藉由催化劑的合成運用，帶給人類現今生活的便利性。而在基礎科學研究的範疇裡，針對生活化學上的影響及發展，可由代表化學界最高榮譽的獎項——諾貝爾化學獎中看出端倪。

例如齊格勒（Karl Ziegler）及納塔（Giulio Natta）兩位化學家，因為高效率烯類聚合催化劑的發現，使塑膠材料能快速量產而獲得1963年的諾貝爾化學獎；另外，2001年三位科學家諾里斯、野依良治及夏普利斯，藉由發展不對稱催化反應，使製藥工業得以有效發展而同樣獲得諾貝爾獎殊榮。2005年，瑞典皇家科學院於10月5日，公布2005年諾貝爾化學獎的獲獎者時，再次驗證催化劑以及催化反應，在化學與人類生活上所扮演的重要角色。

● 2005諾貝爾化學獎得主

2005年諾貝爾化學獎頒給法國科學家蕭文、美國科學家葛拉布茲和施洛克，以表彰他們發展烯烴複分解反應（olefin metathesis）在有機合成應用上的卓越貢獻。

其中年紀最大的蕭文，生於1930年，得獎時七十五歲，為法國杜佩特儸研究院院長（Directeur de Research Honoreur, Institut Français du Petrole），主要的貢獻在於1971年提出烯烴複分解反應的推測反應機制，以及解釋推測的金屬催化劑，在反應過程中所扮演的重要角色。

此構想一提出，即獲得化學界的廣大支持，並由另兩位得獎的美國

化學家於90年代利用合成的催化劑證實,且在世界各地廣泛使用。其中,施洛克生於1945年,得獎時六十歲,1971年取得美國哈佛大學化學博士學位,現任麻省理工學院化學系教授。施洛克成名甚早,不到三十歲即發表史上第一個金屬亞烷基錯合物(metal alkylidene complex)的合成和完整鑑定,並於1990年首次成功證實以金屬亞烷基錯合物為高效率催化劑的烯烴複分解反應。另一位化學家,美國加州理工學院化學系教授葛拉布茲,生於1942年,得獎時六十三歲,1968年於哥倫比亞大學取得化學博士學位,在1992年提出具空氣穩定且應用性廣泛的催化劑。這三位化學家的發現及研究成果,使整個化學界的發展及人類生活向前躍進一大步。

◯ 烯烴複分解反應

　　何謂烯烴複分解反應(olefin metathesis)?「烯」指的是具有碳與碳之間的鍵為雙鍵的分子,例如$CH_2=CH_2$(乙烯)等等;而metathesis為一個複合字,主要是源自於希臘語meta,表示「改變」的意思;thesis表示「位置」,所以metathesis意指兩個物質的其中一部分產生位置的互換,亦稱為「置換」。如圖一所示,一個丙烯分子將其所含$=CH_2$基團,與另一個丙烯分子中的$=CHCH_3$互換,結果就產生了丁烯及乙烯。這個可逆反應需要一個具有活性的金屬亞烷基錯合物參與催化才會發生。

　　其實烯烴複分解反應發現甚早,可回溯至50年代,主要記載於工業界所發表的專利文獻中;但其運作機制雖經多年努力探討卻仍屬未知,直到70年代才露出了一絲曙光。當時,在法國的蕭文和他的學生發表一份研究報告,指出整個烯烴複分解反應機構,如圖二所示。

　　在圖二(A)中,以一個金屬亞甲基錯合物(metal methylidene

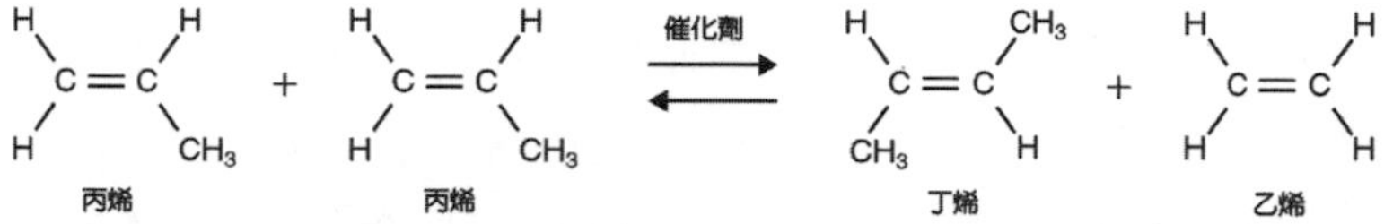

圖一 兩個丙烯分子利用催化劑進行烯烴複分解反應，形成丁烯及乙烯。（諾貝爾官方網站提供）

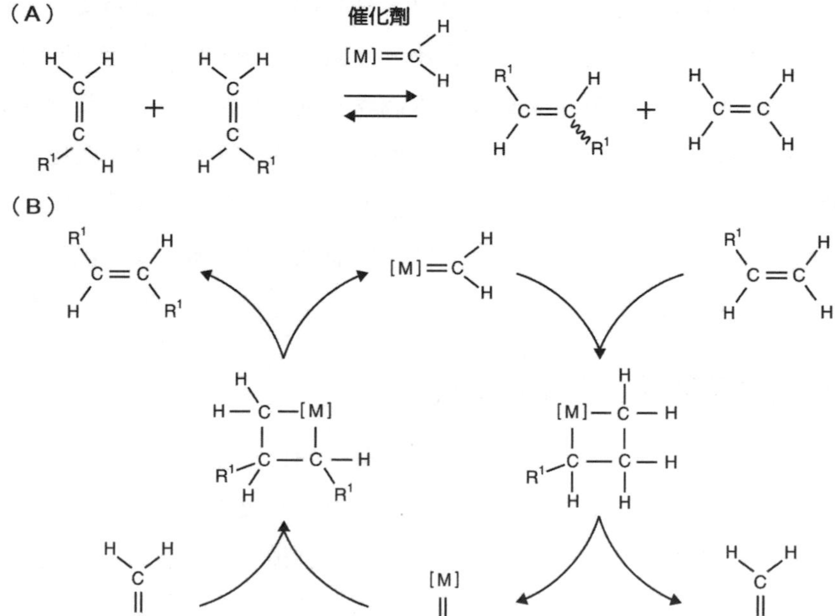

圖二 （A）利用金屬亞甲基錯合物催化烯烴複分解反應；產物為具有兩個R1官能基的烯類及乙烯，其中波浪鍵代表兩個R1可在雙鍵的同側或不同側。圖中金屬M上所用的中括號代表金屬除了與碳之間有一個雙鍵之外，其上還有其他官能基。（B）蕭文針對由金屬亞甲基錯合物催化烯烴複分解反應所提出的反應機制。

complex）作為催化劑，造成兩個烯類分子雙鍵上的亞烷基互換，導致兩個新的烯類分子生成。圖二（B）則說明了整個烯烴複分解反應進行的步驟與過程，在反應的第一階段中，金屬亞甲基錯合物與一個烯類分子反應，形成四元環的中間物（intermediate），此環含有一個金屬和三個碳並相互以單鍵結合。

在下一個步驟中，此四元環的兩個不相鄰的單鍵同時斷裂，並形成一個新的烯類分子產物（即乙烯），和一個新的金屬亞烷基錯合物。在第三步驟，這個新的金屬亞烷基錯合物，又與另一分子的烯類結合形成一個新的四元環。在最後的步驟中，這個含有金屬的四元環再度分解產生烯烴複分解反應的最終產物，並同時生成原先的金屬亞甲基錯合物。這個重新生成的金屬亞甲基錯合物，又繼續投入另一個烯烴複分解反應的循環當中，說明了金屬亞甲基錯合物在此催化反應中所扮演的催化劑角色。

◉ 持續交換舞伴的四人之舞

這個催化反應的最終結果，就是兩個烯類分子互相交換了它們的亞烷基，亦即進行了烯烴複分解反應。蕭文提出的反應機制，不僅解開了懸宕已久的疑問，解釋了之前所有文獻中的結果，並且猶如一盞明燈，指引了整個研究的方向往一條正確的道路。此機制不僅獲得其他研究團隊的實驗結果強烈支持，並引發其他科學家著手合成及開發高效率烯烴複分解反應催化劑。

蕭文所解釋的烯烴複分解反應，可視為一個有趣的分子之舞，如圖四所示。催化劑（金屬亞烷基錯合物）與烯類分子這兩組雙人舞者，在舞蹈過程中互相交換舞伴；金屬錯合物與其舞伴（亞烷基）雙手相牽共舞

催化劑

圖三　蕭文提出烯烴複分解反應可視為一個有趣的分子之舞。（諾貝爾官方網站提供）

時，若遇到烯類分子，這兩組雙人舞者各鬆一手並互相歡迎對方，而組成一個新的四人舞群同時圍著一個圓圈共舞，之後他們各自與原先的舞伴鬆手並與新的舞伴雙手相牽共舞。此時，新形成的金屬——亞烷基雙人組，若再遇到另一烯類分子雙人組，則可再次藉由四人共舞而交換舞伴。換句話說，金屬錯合物是一持續交換舞伴的舞者，藉此扮演在這場分子之舞中所擔任催化劑的角色。

● 金屬亞烷基錯合物的合成

此時，更多的化學家開始體認到，如果能找到穩定且高效率的催化劑，將可以使整個烯烴複分解反應成為有機合成領域中一個極為重要的方法。從蕭文的研究結果顯示，烯烴複分解反應的催化劑是金屬亞烷基錯合物。

1974年，施洛克首先合成出史上第一個可穩定存在的金屬亞烷基錯合物 $[Ta(CH_2CMe_3)_3(=CHCMe_3)]$（Me代表甲基），但卻由於太過穩

定,無法進行烯烴複分解反應。

　　研究工作持續到1980年,施洛克與麻省理工學院的研究團隊,終於發展出一個能成功催化置換順-2-戊烯的金屬亞烷基錯合物——[Ta(=CHCMe$_3$)Cl(PMe$_3$)(OCMe$_3$)$_2$]。由於此催化劑的成功開發,確認了烯烴複分解反應催化劑組成的關鍵要素,進而促成施洛克團隊在1990年成功發展出一系列以鉬(molybdenum, Mo)及鎢(tungsten, W)為中心金屬的金屬亞烷基催化劑(圖四)。此系列催化劑不僅穩定(可存放),反應活性極高,且可經由化學藥廠購得,廣為其他化學家所採用。

　　研發烯烴複分解反應催化劑的另一項突破,是1992年位於美國加州理工學院的葛拉布茲及其研究團隊,發展了一個含有釕(ruthenium, Ku)的金屬亞烷基催化劑[RuCl$_2$(PR$_3$)$_2$(=CH-CH=CPh$_2$)](圖五左),其中R及Ph代表苯基,若將R換成環已基時,會增加整個催化劑的反應性。

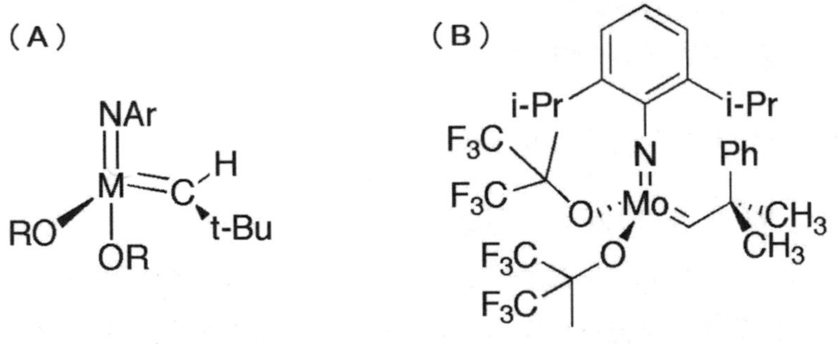

（A）

（B）

圖四　(A)施洛克研發的烯烴複分解反應催化劑一般通式,其中M為鉬或鎢,R及Ar為具立體阻障的取代基。(B)已商業化,可由化學藥廠購得的施洛克催化劑。(諾貝爾官方網站提供)

圖五 （A）葛拉布茲於1992年開發的催化劑；（B）葛拉布茲第一代商業化的催化劑（1995年）；（C）葛拉布茲第二代商業化的催化劑（1999年）。（諾貝爾官方網站提供）

　　這類催化劑的反應性較施洛克催化劑為差，但較空氣穩定，可在醇類或水等溶劑的條件下催化烯烴複分解反應。後續的研究使得葛拉布茲分別在1995年及1999年發展出新一代的催化劑，$[Ru(=CHPh)Cl_2(PR_3)_2]$，其中R代表苯基或環己基（圖五B）及 $[RuCl_2\{C(N(mesity)CH_2)_2\}(PCy_3)(=CHPh)]$（圖五C）。

　　自從施洛克及葛拉布茲催化劑問世後，已被許多研究團隊採用，應用於有機分子及高分子聚合物的合成。雖然此兩類催化劑的組成、穩定性及反應性各有不同，至今對於新型反應的開發與合成效率的有效提升，兩者相輔相成，缺一不可。

● 造福人類的綠色化學Z

　　烯烴複分解反應的證實，以及高效率催化劑的有效開發，對於製藥工程與材料工程的加速發展皆有重大影響。雖然施洛克及葛拉布茲發展的催化劑，問世不過短短數年，但其影響層面卻是令人讚歎，包括人工合成的昆蟲費洛蒙、除草劑、聚合物和燃料的添加劑、具有特殊性質的塑膠聚合物，以及各種具有療效的藥物分子。

其中，昆蟲費洛蒙主要是昆蟲在交配時期，雌性昆蟲為了吸引雄性昆蟲所發出的特殊氣味。當人類試圖控制某一類昆蟲時，可於其棲息地安置人工合成費洛蒙，以擾亂雄性昆蟲的嗅覺，進而減緩其繁殖速率，以達到控制生態平衡的目的。早期昆蟲費洛蒙合成步驟繁多，不僅費時且耗費大量成本，自從施洛克及葛拉布茲催化劑問世，每年可有效大量生產約2000公斤的昆蟲費洛蒙，且成本大幅降低，這是以往所做不到的。

另外，在製藥工程上，以往必需使用耗時且高成本的合成方法才能製造的藥物，現在經由烯烴複分解反應的催化，不僅大大簡化了合成步驟，還能有效提升產量以及縮短產時。

目前各地研究人員藉由此催化反應，針對當今多種主要疾病，正積極進行藥物的研發工作，包括細菌感染、C型肝炎、癌症、阿茲海默氏症、唐氏症、骨質疏鬆、風濕、發炎、纖維症、愛滋病和偏頭痛等，不只造福需長期服藥的病人，並可降低成本；而且此反應產生的副產物，主要皆為對環境無害的烯類，有別於傳統方法製藥，產生大量且不必要的副產物，在環境保護上的貢獻更為重要。

另一方面，應用在材料工程上，研究人員可利用此方法，精準控制高分子材料的細部結構，例如發展出非線性光學材料、平面顯示器材料及人工合成樹酯等，皆與這三位化學家所發展的研究有關。總之，烯烴複分解反應不只在化學研究上有利於有機合成的發展，在藥物與材料工業上，由於能提供更乾淨、更便宜且更有效率的製程，而有利於人類生活品質的整體提升。

李偉英:中山大學化學研究所博士班
梁蘭昌:中山大學化學系暨化學研究所

基因密碼的抄寫者

文｜章為皓

羅傑‧柯恩伯格專注於「真核生物轉錄機制」的探討，
在這段漫長的研究過程中雖有波瀾，
但更可凸顯他對科學的熱情以及面對問題時的堅持。

羅傑‧柯恩伯格
Roger D. Kornberg
美國
史丹佛大學、哈佛醫學院

2006年10月5日，當筆者得知羅傑一人獨獲今年化學獎，以表彰他對真核轉錄的終身貢獻時，算一算時間，羅傑應該正在把過完以色列新年的師母和子女們由耶路撒冷迎回舊金山的途中。

當時諾貝爾獎的官方網頁只敘述了羅傑的父親亞瑟（Arthur Kornberg）於四十七年前獲諾貝爾生醫獎的相關事蹟，關於真核生物的轉錄作用以及羅傑的個人資料卻正在建構。

筆者立刻面呈陳長謙（Sunney Chan）院士這個好消息。陳長謙院士在跨入生化領域之前，精於核磁共振和電子自旋共振，在70年代客座於史丹佛大學化學系時，曾與當時仍是研究生的羅傑，交換有關電子自旋共振研究方面的心得，有助於羅傑解決脂質動態的基本問題。後來羅傑更從脂質學中，發展出了另一套新穎的結晶學方法，這套新的結晶方法也成為他邁向諾貝爾獎的關鍵利器。

筆者有幸在羅傑‧柯恩伯格的實驗室中待了將近十載的寒暑，像一個攝影師一般，親身拍下了羅傑團隊成功登上巔峰的偉大過程。

◎ 久違了，羅傑！

三年前沈哲鯤院士（James Shen）碰見筆者就問：「羅傑等著拿諾貝爾獎了嗎？」（沈院士曾於90年代訪問羅傑），筆者估計羅傑一定會在2010前得獎。90年代中期，瑞典諾貝爾學會已經看好羅傑、雷得（Robert Roeder）和錢澤南（Robert Tijian，中研院院士）在真核轉錄方面的成就，所以科學界一直期待生理醫學獎會頒給真核轉錄的領域。

三年前，筆者從李前院長（Yuan-Tseh Lee）口中得知，化學界因推崇羅傑於核糖核酸聚合原子結構的成就，將他遴選為2001威爾區獎的唯一得主。那麼，既然麥金南醫生（Robert McKinnon）因解決鉀離子通

道的原子結構工作而與人平分2003年諾貝爾化學獎，羅傑獲得諾貝爾化學獎應是遲早的事。

○ 卓越是教出來的

羅傑是1959年諾貝爾生理醫學獎得主——亞瑟·柯恩伯格（Arthur Kornberg）的長子。對於羅傑而言，亞瑟就像是一位嚴厲的教練，不但從小就把羅傑帶在身邊，親自調教生物化學相關的實驗。高中之後，每逢寒暑假還把羅傑送到世界各地友人的實驗室打工，廣學各種實驗技藝，目的就是要讓羅傑通過如陳之藩〈哲學家皇帝〉一文中描述的對王子的陶養，培育出過人的智慧、毅力與勇氣。羅傑二十歲時，就與柏格（Paul Berg，1980年諾貝爾化學獎得主）一同發表了第一篇論文於《美國國家科學院院誌》（PNAS）上。

雖然受到父親的嚴管勤教，羅傑對學生的態度卻是極其放任的，羅傑曾對筆者說：「我不要像我老爸那樣緊迫盯人，我要你們自己去享受解決問題的樂趣。」

○ 好奇心的驅使

早在70年代初期，向彭（Chambon）和雷得（Roeder）等人就已分離出真核生物的核糖核酸聚合（RNA polymerase），令人百思不得其解的是，該酵素並不像原核生物的核糖核酸聚合酶那般，具有辨識去氧核糖核酸（DNA）上的序列、以啟動轉錄作用的能力。那麼，在真核生物中，究竟是怎麼啟動「轉錄」這遺傳密碼的抄寫工作的呢？是否需要其他轉錄因子幫忙？這些問題一直存在羅傑的腦海中。

80年代，羅傑回到史丹佛大學後，一方面繼續探討組織蛋白與雙股

螺旋DNA之間的關係，一方面也著手建立幾套試管內測試真核轉錄活性的生化系統，以追蹤這些被臆測的轉錄因子；另一方面，又從脂質學發展出新穎的結晶學方法，使得在研究組織蛋白這類多單元的蛋白質時，傅立葉電顯術不至於英雄無用武之地。

◉ 建立研究「真核轉錄機制」的基礎

約在1985年時，羅傑同時用小鼠肝臟和酵母菌兩種材料，建立試管內真核轉錄活性的生化系統。當時雖然並不清楚酵母菌的轉錄系統與人類有一對一的同源關聯，但酵母菌仍是研究遺傳學的好材料，且可以量產蛋白質。

半年後實驗室中一位從台灣來的研究生呂芳男，建立了一套酵母菌活性系統，使真核結構生物學的研究從不可能變成可能。同時，羅傑也成功開創了水溶性蛋白的二維結晶學，所以如何把二維結晶學應用在核糖核酸聚合結構的研究上，就成為羅傑最為專注的課題。

在DNA轉錄出傳訊核糖核酸（mRNA）的過程中，核糖核酸聚合的功能是將DNA中正向股（又稱為模板股）上的遺傳密碼抄寫成mRNA，是所有轉錄蛋白中最重要的。不同於原核生物，真核生物的核糖核酸聚合酶有10~12個次單元，是表現遺傳密碼的關鍵酵素，它的分子量十分巨大，約有50萬道爾呑。

1991年，羅傑的實驗室意外養出酵母菌核糖核酸聚合的二維晶體（圖一）。當時實驗室中畢業於史丹佛化工系的達斯特博士（Seth Darst）向羅傑建議，直接嘗試用帶正電的脂質，來誘導酵母菌核糖核酸聚合和DNA的複合物形成二維晶體，因為DNA帶負電。沒想到核糖核酸聚合真的在帶正電的脂質下形成二維晶體，但並不需要DNA。

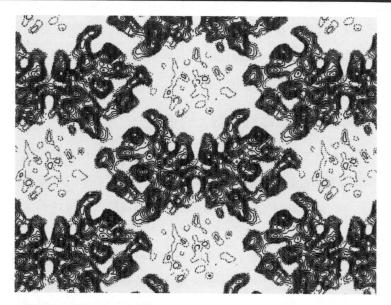

圖一　核糖核酸聚合酶在二維電顯下拍攝的照片，圖的正中央是一個完整的晶體。

此晶體有兩個特徵：一是它的大小與兩個表現量較少的單元體含量有關聯，二是有的時候會看見有好幾層二維的晶體堆疊成薄片狀的三維晶體。

在這關鍵時刻，實驗室裡另一位來自加拿大的愛德華茲博士（Al Edwards），決定把那兩個表達較低的單元體剔除，以改良晶體品質，並成功使用二維的晶體當種子養出三維晶體。

◎ 齊心協力克服困難

羅傑明白光靠三維晶體的X光繞射，並不足以解出巨大的核糖核酸聚合的結構，相位的問題必需靠二維電子結晶學獲得。二維電子結晶學

原是用來研究膜蛋白結構上的主要工具，80年代，電子結晶學的重要進展，除了羅傑開創了水溶性蛋白二維電子結晶學的新領域之外，英國結構生物學家韓德森（Richard Henderson）用低溫電顯解決脂質膜蛋白二維晶體的近原子結構，更證明低溫二維電子結晶學可以獨立獲致原子結構。

　　90年代初期，羅傑尚未量產酵母菌核糖核酸聚合，二維結晶學就顯得十分重要，雖然它不能進行X光繞射，但只需極少的蛋白質，就可在生理條件下養晶，而且不需要高鹽或脫水劑來誘導結晶，所以不會有蛋白質變性的疑慮。

　　當時羅傑的實驗室正用電子結晶學的方法，同時研究核糖核酸聚合與核酸、抗體和轉錄因子的交互作用。在解出核糖核酸聚合酶和抗體複合物的結構之後，筆者跟阿司圖博士後研究員（Francisco Asturias，目前任職於史克普立斯研究所）挑戰以低溫電子結晶學呈現核糖核酸聚合的原子結構。

　　就在考量是否要改良樣品製備，並旅行到日本進行液氦電顯的同時，實驗室中的傅建華博士已取得三維晶體10埃（即Å，1埃＝10^{-10}公尺）的相位資料，結果與低溫電顯完全吻合，於是羅傑瞭解二維電子結晶學已完成它的先遣任務，核糖核酸聚合酶的原子解構一定得靠三維晶體的突破才有希望。

　　三維晶體的起始工作的確碰到許多困難，包含晶體氧化、相位問題以及晶格不均勻性等問題。晶體氧化的問題不難解決，1993年時，大衛博士（Dr. Peter David）蓋了一座氬氣工作棚，養晶時需用手指來操弄保護於氬氣下超小體積的蛋白質液暨各式鹽溶液。當時羅傑以為，配合大衛手上已有的X光繞射資料，再輔以核糖核酸聚合的三維電顯結構暨溶

劑平滑計算法（solvent flattening），應該就能獲致核糖核酸聚合的原子結構。

這項重責大任交由傅博士一肩挑起，他先是費了番工夫改善三維晶體的性質，並在半年內，就發現可以長出最佳晶體的最適鹽溶液組成，並引進重原子團技術（heavy atom cluster isomorphous replacement），配合三維電顯結構的佐證，在1999年解出核糖核酸聚合酶5埃的結構。

然而，晶格不均勻仍是獲得原子解析度的障礙，當時羅傑猜測，4埃的解析度大概已經是最好的情況了。沒料到1999年克拉梅爾（Cramer）加入羅傑實驗室，接續傅建華博士的工作，並用脫水法壓縮晶格，終於得到核糖核酸聚合酶原子結構，並分別於1999年和2001年，將此結論發表於《細胞》（Cell）和《科學》（Science）等期刊上。

● 令人興奮的成果

2001年6月，羅傑在《科學》上，發表了兩篇關於真核生物的核糖核酸聚合原子結構文章，第一篇描述含有10個次單元的核糖核酸聚合酶的晶體結構，分別有3.1埃和2.8埃兩種解析度，顯示該酵素可以有開放和部分閉鎖的兩個狀態。第二篇文章則報導了以2.8埃的結構為基礎，利用分子替換法（molecular replacement）解出一正在積極抄寫DNA（actively transcribing DNA）的核糖核酸聚合3.3埃的原子結構。

其中，把這個正在積極抄寫DNA的核糖核酸聚合和自由的核糖核酸聚合分離，就花了革那特博士五年的時間，我永遠不會忘記1996年1月時，革那特（Gnatt）博士與筆者分享他成功純化出正在積極抄寫DNA上的核糖核酸聚合酶時那令人興奮一刻。

核糖核酸聚合有兩個狀態，是因為一個壓板構造（clamp，分子量約

有5萬道爾吞）的開闔所致。目前認為，當壓板構造打開時，DNA進入核糖核酸聚合酶的催化中心，之後便闔上以扣住DNA。

在壓板構造的底層還發現了幾組蛋白質的環狀結構，那很可能是控制DNA蠕動的樞紐。而此正在積極抄寫DNA的核糖核酸聚合的電子雲圖，清晰提供了轉錄泡泡中的細節。轉錄泡泡係指雙股DNA結構被打開的區域，其中包含正在合成中的RNA，以及DNA與RNA相互糾纏在一

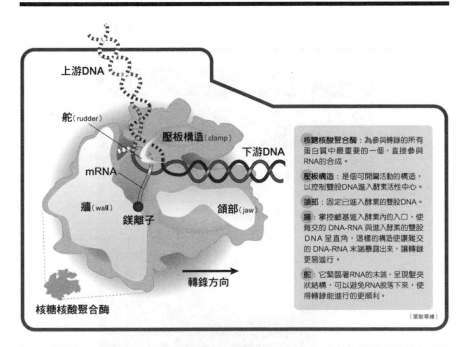

核糖核酸聚合酶：為參與轉錄的所有蛋白質中最重要的一個，直接參與RNA的合成。

壓板構造：是個可開闔活動的構造，以控制雙股DNA進入酵素活性中心。

頷部：固定已進入酵素的雙股DNA。

牆：掌控鹼基進入酵素內的入口，使雜交的 DNA-RNA 與進入酵素的雙股DNA 呈直角，這樣的構造使讓雜交的 DNA-RNA 末端暴露出來，讓轉錄更易進行。

舵：它緊臨著RNA的末端，呈現髮夾狀結構，可以避免RNA脫落下來，使得轉錄能進行的更順利。

（葉敏華繪）

圖二　背景為一與雙股DNA結合的核糖核酸聚合酶，它由DNA的上游往下游移動並進行轉錄作用，轉錄出的RNA其中一端與酵素活化中心的鎂離子連結，並被舵和牆固定，使與原本的雙股DNA呈90度，再由舵的後方穿出核糖核酸聚合酶之外。圖中虛線的部分表示在核糖核酸聚合酶的後方。

起的DNARNA雜交區域，還有單股DNA作為模板的區域，證實了生化
實驗的推論（圖二）。

　　另外還觀察到核糖核酸聚合酶的重要特徵，那就是在酵素催化中心
合成RNA的地方，可清楚看到鎂離子。然而，落在Rpb1和Rpb2兩個次
單位蛋白質所夾出山谷間的DNA雙螺旋，因為無序而看不太清楚。

◉ 樹立典範

　　誠如前惠普執行長菲奧莉娜（Carly Fiorina）引用《老子》上寫的：

羅傑與實驗室成員的合照，中間是手拿核糖核酸聚合酶模型的羅傑，左二是對此次得獎
作品小有貢獻的布希內爾（Bushnell）總管。（羅傑‧柯恩伯格提供）

「一般的領導者，讓人喜歡他；低劣的領導者，讓人討厭他；而最高級的領導，是讓他的跟隨者以為都是他們自己做出來的。」正因羅傑擁有過人的領導能力，才讓傅建華、克拉梅爾及革那特得以將才幹發揮到淋漓盡致，不但幫助我們一窺核糖核酸聚合酶抄寫DNA上遺傳密碼的奧祕，也奠定結合電顯技術和X光結晶學來分析巨分子結構的典範。

此外，核糖核酸聚合的解構，只是以結構生物學的角度瞭解轉錄過程的開始。目前羅傑的實驗室正嘗試透過X光結晶學，呈現核糖核酸聚合酶和起始因子（initiation factors）複合物的結構，以及核糖核酸聚合和仲介蛋白（mediator）複合物的結構。前者將可解釋核糖核酸聚合酶如何從DNA上找到啟動轉錄作用的訊號，後者則可讓我們瞭解仲介蛋白如何整合胞外的訊號，以調控轉錄的開關，此對癌症等疾病的機理和製藥將有巨大貢獻。

讀者也許納悶羅傑的實驗室如何藉電顯取得相位資料，來輔助巨大複合物的X光結晶學？當筆者還在羅傑的實驗室時，關於轉錄起始因子和仲介蛋白的電子顯微術的工作，多由筆者和阿司圖博士負責，但因史丹佛大學並未積極支持羅傑更新低溫電顯的先進設備，導致靠電顯起家的羅傑，其電顯實驗室目前呈現休眠狀態，十分可惜。

在台灣，X光巨分子結晶學漸趨成熟，低溫電子顯微術剛剛起步，若敢於投資低溫電顯設備及人才培育，並鎖定具重大生物意義的巨分子，台灣人再奪諾貝爾化學獎，指日可待。

章為皓：中研院化學研究所

2007 | 諾貝爾化學獎
NOBEL PRIZE in CHEMISTRY

探索物體表面的化學作用

文｜蔡茂盛

厄特爾看見新科技方法的潛力，並以系統化的思考方式，
尋找出最佳的實驗技術與模式，以研究表面化學的相關課題，
因而獨得2007年諾貝爾化學獎。

厄特爾
Gerhard Ertl
德國
漢諾瓦萊布尼茲大學、慕尼黑大學、柏林自由大學
（諾貝爾基金會提供）

2007年獨得諾貝爾化學獎的厄特爾教授，於1936年10月10日生於德國斯圖佳（Stuttgart）的 Bad Cannstatt 區，即世界汽車名牌賓士（Benz）生產地。厄特爾從小就喜歡動手，曾將收音機解體及裝設。後來在斯圖佳大學主修物理，1965年在德國慕尼黑大學獲得博士學位，三年後完成升等教授資格的論文，內容是有關表面結構的研究；接著，他於1968年被德國漢諾威大學聘任為教授；1973年又回到慕尼黑大學，擔任教授的職位。之後幾年，厄特爾以客座教授的身分受邀至美國，1986年又被聘為德國哈柏所的物理化學主任，直至2004年退休。筆者在哈柏所工作三十五年，在厄特爾的實驗室待了二十年，兩人共同研究觸媒表面的電化學作用。厄特爾得獎時雖已七十一歲，但性情很好，是個非常好相處的人，很得指導學生的敬愛。

厄特爾教授主要的研究領域為表面化學及表面物理，其中重點在於研究氣固相之間反應過程的中間機制，例如氨（NH_3）的催化反應機制。氨是製造氮肥的主要原料，氨的合成應感謝兩位德國化學家哈柏（Fritz Haber，1918年諾貝爾化學獎得主）及波希（Carl Bosch，1931年諾貝爾化學獎得主）的貢獻，他們利用觸媒將氫氣（H_2）與氮氣（N_2）成功地合成氨氣，對人類貢獻很大，因此獲得諾貝爾獎。他們所在的研究所，原名為威廉凱撒物理化學及電化學研究所（隸屬於馬克斯·普朗克協會），二次大戰後改名為弗利茲—哈伯研究所。

◉ 建立研究表面化學的基礎

2007瑞典諾貝爾委員會聲明，厄特爾教授的貢獻在於現代表面化學研究基礎及實驗模式的建立。德國的柏林工業大學化學系教授 Mattias Driess 稱讚厄特爾：他發展出一副「眼鏡」，用於觀察探測分子與固體表

面上的反應過程。其實這個所謂的「眼鏡」，涵蓋了很多表面科學的儀器，如光電子顯微鏡、低能電子繞射儀（LEED）、高能電子繞射儀（RHEED）、掃描穿隧顯微鏡（STM）、電子能量損失譜（EELS）、雷射儀、AES（歐傑電子能譜），以及XPS（X光光電子能譜）。

讓我們從厄特爾教授許多傑出的研究中挑出兩項表面化學反應作介紹，它們都與我們的日常生活有著密切關係：即氨與一氧化碳（CO）在觸媒表面上的催化反應。催化劑及催化反應在我們日常生活中佔有極重要的地位，好比煉油、有機合成、肥料製造及汽車廢氣處理等，都用上了催化劑。催化劑的使用已有一百年以上的歷史，但是一直到最近，催化劑的選擇與製造大都還是用摸索的方式尋找理想的固體材料，其中的機理也大多不為人知。

1974年，厄特爾教授曾參加一國際催化劑學術會議，會中表揚國際催化劑專家艾米特教授（Paul Emmet）對氨合成機制的研究成就。艾米特教授當時於他的感言中提到，至今我們還不知道氮氣（N_2）在反應的過程中是否會先解離成二個氮原子。也就是說一直到1970年代，我們還無法觀察及驗證氮氣在氨的合成過程中，是經由原子或分子態而形成氨氣的。當時厄特爾教授認為，我們應該可以利用表面物理儀器的設備及方法，來解決氮分子在表面是否解離為原子態氮的這個問題（即 $N_2 \Leftrightarrow 2N_{ad}$，反應方程式中的 N_{ad} 表示催化劑表面上吸附態的N原子）。

這個問題看起來似乎很簡單，但其中困難在於我們可以用什麼方法來有效觀察氮分子在催化表面（金屬表面）上的解離過程？目前國際學術界公認的反應步驟可參見圖一，關於氨合成的反應機制，我們將會在下面的一氧化碳在鉑單晶表面上氧化過程中，作更詳細的說明。

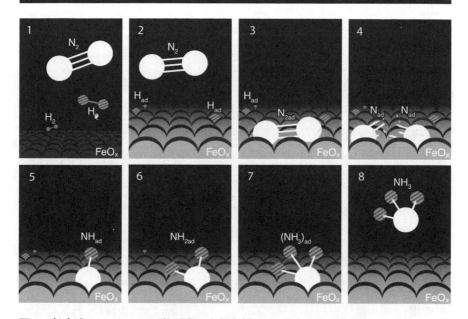

圖一　氨合成 $N_2 + H_2 \rightarrow NH_3$ 的反應，在氧化鐵 FeOx 的表面的發生過程。（1）沒有解離的氮（N_2）與氫分子（H_2）吸附在氧化鐵上；（2）氫在氧化鐵上先解離成原子態氫（H_{ad}）；（3）沒有解離的氮分子（N_{2ad}）及原子態氫吸附在氧化鐵上；（4）解離態的原子氫，與解離態的氮原子（N_{ad}）吸附在氧化鐵上開始接近；（5）N-H 形成；（6）N-Hx 形成：原子態氫、氮在氧化鐵上結合成中間產物 NHx；（7）形成氨氣 NH_3；（8）氨氣 NH_3 從氧化鐵上脫附。（諾貝爾官方網站）

● 探討一氧化碳的氧化機制

　　以下我們就來討論一氧化碳的氧化過程，這是厄特爾教授做出的重要貢獻。一氧化碳與我們日常生活有緊密關係，汽車引擎是靠汽油燃燒，其中副產物一氧化碳、一氧化氮（NO）對人類有害，因此在引擎及排氣管中間裝有催化劑的設備，將一氧化碳、一氧化氮轉變為無毒氣體如二

氧化碳（CO_2）等，目前常用的催化劑主要是鉑奈米顆粒。

厄特爾教授在有關一氧化碳的氧化反應上的重大貢獻，是他在利用鉑單晶Pt(111)表面的氧化過程中，用他的「眼鏡」去探討反應機制。其實一氧化碳在催化劑鉑單晶表面上的氧化過程是很複雜的，但是厄特爾教授及研究人員首先在高真空條件下，觀察一氧化碳及氧氣這兩種反應物吸附於鉑表面的過程。為什麼要在高真空的環境呢？因反應本身的複雜度，如果連同其他一共五、六種的氣體，那麼要分辨各別不同氣體的反應機制就會很困難，為了避免氣體雜質存在的干擾，不得不在高真空中進行掃描穿隧顯微鏡（STM）的觀察。

在探測一氧化碳及氧氣兩種氣體在鉑表面上的反應過程中，首先讓少量氧氣通過高真空儀器內，讓少於單層的分子覆蓋（submonolayer coverage）的氧吸附於鉑表面上，然後觀察氧分子是否在鉑表面上先解離成原子態。雖然在掃描穿隧顯微鏡下，確實觀測到氧吸附於鉑表面上、形成(2×2)-O的結構，但因為掃描穿隧顯微鏡無法分辨鉑上的氧是原子態（O）或是分子態（O_2），所以必須利用電子能量損失譜（EELS）技術來分辨，藉此我們得知：氧分子在室溫下，在鉑表面會先解離成原子態，並吸附於鉑表面上形成(2×2)-O結構相。

當一氧化碳氣體進入高真空儀器時，部分被氧原子所覆蓋的的(2×2)-O結構並沒有發生變化，這意思是說，吸附於鉑表面的氧原子並沒有立即與一氧化碳起氧化作用，形成二氧化碳。利用掃描穿隧顯微鏡，我們無法觀測到一氧化碳氣體吸附於(2×2)-O形成區域的短暫過程，這是因為室溫下的一氧化碳分子在鉑表面的移動速度過大，因此無法被掃描穿隧顯微鏡觀測到。但利用光譜方法（spectroscopy），可證明一氧化碳確實吸附於氧原子的周圍；另經過短暫時間，掃描穿隧顯微鏡也觀測

到氧原子所覆蓋的(2×2)-O結構區域有六面形（hexagonal pattern）的
亮點出現，間接證明一氧化碳確實吸附於(2×2)-O結構上。

經過約五分鐘後，在掃描穿隧顯微鏡下，會發現(2×2)-O結構區域
開始收縮，表示氧化反應正在進行中；十分鐘後，條狀型的結構圖出現
於原先沒有被氧覆蓋的表面區，進而演變成有規律的C(4×2)-CO超結構
（CO-Pt(111)），它是典型的一氧化碳在鉑單晶表面上密集排列的結構。
掃描穿隧顯微鏡觀測到有規律的C(4×2)-CO結構，同時觀測到一氧化碳
遮蓋區域增加，以及(2×2)-O結構區域氧原子的遮蓋面積縮小，表明一
氧化碳正在進行氧化。其中生成的反應物二氧化碳的脫附過程，掃描穿
隧顯微鏡無法觀測，但是可用質譜儀測出二氧化碳的形成。

厄特爾教授利用掃描穿隧顯微鏡這個「眼鏡」，觀測兩反應物一氧化
碳及氧氣吸附於鉑單晶表面上，形成有規律的C(4×2)-CO以及(2×2)-O
結構相，進而追蹤兩者的氧化過程。他得到的結論是：一氧化碳及氧氣
並非隨機吸附於鉑表面，而是個別的形成有規律的區域（domains），因
此其反應機制是沿著Langmuir-Hinshelwood機制（說明兩個吸附態的
反應物，在催化劑表面上的化學反應）進行的。一氧化碳及氧氣首先吸
附於鉑表面，形成吸附態的一氧化碳（CO_{ad}）及吸附態的氧原子（O_{ad}），
然後由兩吸附態的反應物，再結合成二氧化碳反應物。兩吸附態的反應
物在區域交界（domain boundaries）處脫離其所屬區域後，反應成二氧
化碳產物，如圖二所示。

氨氣的合成反應機制，也是事先經氮氣及氫氣分子態在催化劑氧化
鐵（觸媒）的催化下降低活化能，使氮與氫分子先解離為氫及氮原子態，
再結合成NHad的中間產物，其反應機制如一氧化碳的氧化過程，沿著
Langmuir-Hinshelwood機制形成氨氣。

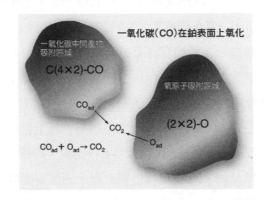

圖二 一氧化碳在鉑表面氧化過程：C(4×2)-CO 區域：表示一氧化碳在鉑上的吸附區形成的結構；(2×2)-O 區域：氧原子在鉑表面上的吸附區所形成的結構；C(4×2)-CO區域與(2×2)-O 區域的介面，為吸附態的氧及吸附態的一氧化碳結合形成二氧化碳的區域。

◎ 提升人類生活品質

　　以上所描述利用厄特爾教授的「眼鏡」觀測氨氣的合成及一氧化碳在鉑金屬表面上氧化過程的機制，是許多表面化學相關工作的例子。兩反應氣體先於觸媒表面解離後形成原子吸附態，然後進行一連串的化學反應。厄特爾除了很好地解釋觸媒轉化器、燃料電池及氮肥料合成的原理外，更建立了在高真空環境下研究金屬表面化學反應的方法。這份研究工作（圖三）除了提升我們對表面化學催化反應的瞭解，對提供更乾淨、更便宜的工業製造也有所幫助，也能減少能源（熱電）的消耗。利用這門表面化學的科學，我們將可開發嶄新的可用燃料及較小、較有效的電子零件，因此對地球、對環保都有很大的影響，有利於人類生活品質的提升。

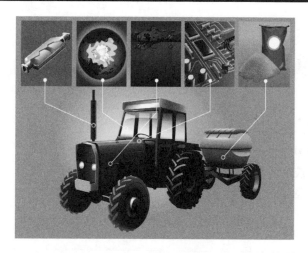

圖三　表面發生的反應在自然界及工業上扮演非常重要的角色，表面化學的知識可以幫助我們解釋生活中各種不同的變化，例如鐵如何鏽蝕、人工肥料如何製造、汽車排氣管內催化劑如何運作，以及臭氧層如何透過冰塊顆粒表面所發生的化學反應而被破壞。表面化學的知識也可以幫助我們更有效率地製造可再生的燃料，以及為電子產業創造出新的材料。（諾貝爾官方網站）

蔡茂盛：中央大學物理系

從水母綠光點亮生命彩頁——
繽紛奪目的螢光蛋白

文｜吳益群、蔣沇祥

下村脩、查爾菲和錢永健三位科學家因發現綠色螢光蛋白，
發展其應用技術，研究成果卓越，
共同獲得2008年諾貝爾化學獎。

下村脩
Osamu Shimomura
日裔美籍
美國波士頓大學醫學院、
海洋生物實驗室
（下村脩提供）

馬丁·查爾菲
Martin Chalfie
美國
哥倫比亞大學
（Eileen Barroso 提供）

錢永健
Roger Y. Tsien
華裔美籍
加州大學聖地牙哥校區
霍華休斯醫學研究所
（錢永健提供）

2008年10月，在眾人翹首引領下，瑞典皇家科學院宣布2008年諾貝爾化學獎由日裔美籍科學家下村脩、美籍科學家馬丁・查爾菲和華裔美籍科學家錢永健三人共同獲得，以表揚他們研究綠色螢光蛋白（green fluorescent protein, GFP）的卓越成果。

● 窺探生物體內的世界

GFP是一種螢光蛋白，在藍光或是紫外光的照射下呈鮮綠色螢光，因此，科學家可利用GFP來觀察生物體甚至是細胞內的生物事件。例如，GFP可以用來觀察生物體內腫瘤的成長或是病原體的移動，也可以用來偵測單一細胞內的胞器、染色體的變化或是蛋白質的產生。換句話說，當顯微鏡技術帶領人類遊覽細胞內的建築之美時，GFP更是忠實呈現了內在的事件變化，讓我們更詳盡瞭解生命現象的運作，或是疾病的產生機制。如此豐功偉業，讓GFP摘下諾貝爾化學獎的桂冠確是實至名歸。然而，到底GFP是如何達成這個神奇的任務，讓我們得以窺探生物體內的祕密活動？讓我們話說從頭。

● 綠色螢光蛋白的誕生

諾貝爾獎得主下村脩，從1960年開始跟隨約翰森（Frank H. Johnson）研究水母，初衷十分單純——想要瞭解為什麼水母會散發出漂亮的光芒。為了收集大量水母做研究，他常去海邊撈拾水母，有時甚至動員妻小一起幫忙收集。後來他專注研究一種學名為 *Aequorea victoria* 的水母；這種水母在北美西海岸隨洋流漂移，身體呈美麗的藍色，受到刺激時，其傘緣的發光器官（photoorgan）則會發出綠色螢光（圖一A）。在收集到許多 *A. victoria* 後，下村脩將水母的傘緣割下置於濾紙上，壓榨

 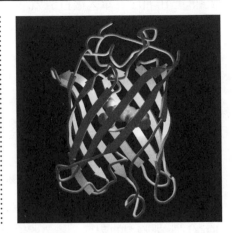

圖一 （A）會發光的水母 *Aequorea victoria*；（B）螢光蛋白GFP的立體結構圖，中央即為特殊的發色團結構。（下村脩提供；錢永健提供）

萃取其汁液。經過約莫一年的嘗試與努力，他成功地從這些汁液中分離出水母發光蛋白（aequorin），這種分子在與鈣離子並存時會發出強烈藍光，也就是 *A. victoria* 呈藍色的原因。同時，他也分離出另一種讓水母產生綠色螢光的物質——GFP，這便是GFP的第一次破「水」問世。

之後數年，下村脩進一步研究出GFP在分子立體結構上有一個特殊的發色團（chromophore，圖一B），這個特殊的球狀結構由三個胺基酸組成，在吸收藍光或是紫外光後會被激發，而散發出明亮的綠色螢光。這個發現大大顛覆了以往對發光蛋白的印象：大多數的發光蛋白都需要額外的輔助因子才能發光，如水母發光蛋白就需要鈣離子的存在才能發出藍光。然而GFP只需要照射藍光或紫外光，就可以發出綠色螢光。也就是說，如果想利用GFP的螢光觀測細胞內的變化，只要給細胞正確的

激發光源，它就會給予想要的資訊，不需額外加入其他分子，也不必擔心會影響細胞的正常生理。當時下村脩並沒有意識到GFP的應用前景，對他來說，瞭解水母為何會發光而滿足他純粹的好奇心，就是一種莫大的幸福。但正因為下村脩長期的熱情與執著，我們才有機會認識深藏在海洋生物體內的寶藏——GFP，使得後進有機會去應用這個神奇的綠色螢光蛋白。下村脩因此被譽為「生物發光研究第一人」。

◉ 綠色螢光蛋白嶄露頭角

在下村脩發現了GFP這個神奇的螢光蛋白後，馬丁・查爾菲首先將GFP應用在活體生物的觀測上。他的研究對象是線蟲 *Caenorhabditis elegans*。*C. elegans* 的成蟲僅有2公釐大，共有959個體細胞，但是「麻雀雖小，五臟俱全」，牠有許多在人類身上可以發現的細胞種類，有完整的組織及系統；更重要的是，線蟲與人類的基因體相似度高達40%，因此具有極高的研究價值。線蟲的另一個研究優勢是牠是透明的——我們可以直接在顯微鏡下清楚看到線蟲體內的所有細胞。查爾菲在1977年師承布瑞納（因開啟線蟲的研究領域，於2002年與蘇斯頓及霍維茲共同獲頒諾貝爾生醫獎），開始線蟲神經系統的研究。最令他著迷的是線蟲對外界的觸覺反應：當我們用拔下的眼睫毛輕碰線蟲的尾巴時，牠會快速地往前爬行；但若輕碰其頭部，牠則會快速後退。查爾菲發現線蟲的觸覺主要來自六個觸感神經細胞的作用，雖然利用電子顯微鏡以及免疫螢光染色技術，已經可以清楚知道這六個神經細胞的位置與連結關係，但是這兩種顯微技術都必須犧牲線蟲，而且操作繁瑣，想要在活生生的線蟲體內直接觀察追蹤神經細胞，在當時根本就是天方夜譚。

在1988年美國哥倫比亞大學舉辦的學術演講中，查爾菲知道了

GFP，這讓他非常雀躍。由於 GFP 是生物體內自然產生的蛋白質，因此只要在特定細胞表現這種蛋白質，就有機會讓活細胞「發光」，如此就可以用來在活體內標記特定的細胞。當時查爾菲就想到可以將 GFP 基因連接在他想研究的基因後面，再把這樣的 DNA 顯微注射到線蟲體內，這樣一來 GFP 所發出來的綠色螢光就像一盞探照燈，指出蛋白質產生的時間跟位置。1992年，普瑞舍（Douglas Prasher）成功複製出 GFP 基因，兩年後，查爾菲將他的想法化為真實：他將 GFP 基因接在一個啟動子（promoter）後面，這個啟動子在線蟲的六個觸感神經細胞中會被啟動，並形成 GFP 分子，使得這六個特殊的神經細胞發出綠色光芒。

馬丁的這個實驗為 GFP 立下一個意義非凡的里程碑，因為這證明從水母身上分離出來的 GFP 基因，也可以在其他物種上正確地表現與摺疊，並發出綠色螢光。這對當時的研究來說是一大福音，因為在那時，若想要利用螢光顯色來研究特定蛋白質，研究人員必須將螢光化合物以人工方法與蛋白質接合，再注射到細胞內，此流程需要高度專業的設備與操作技術，尤其對於複雜的多細胞生物來說，執行起來十分困難。同時，螢光化合物通常具有毒性，而且每觀測一種不同的蛋白質，就必須重新進行蛋白質純化的步驟，更提高了繁瑣程度與難度。相較之下，利用啟動子來產生 GFP 的方式簡易許多，而且 GFP 對細胞也不具毒性。因此，在查爾菲發表這項研究的後續幾年內，利用 GFP 觀測細胞內蛋白質產生與變化的研究，如雨後春筍般出現。

● 蛋白質決定細胞的命運

為何觀測蛋白質的生成與變化是生命科學中的重要課題？因為生物體內有成千上萬不同種類的蛋白質，這些蛋白質各自執行不同的功能使

細胞正常運作，也就是說，蛋白質幾乎掌控了細胞的命運。當有蛋白質發生異常時，細胞的運作就會出錯，疾病便隨之而來，這就是為何科學家急於瞭解各個蛋白質功能的原因。而每個蛋白質的產生，都需要經過基因上特定的啟動子啟動基因，轉錄合成 mRNA，再轉譯形成蛋白質，這就是所謂的中心法則（central dogma）。

舉例來說，當你因為登山或其他原因，吸入的氧氣變少時，體內的缺氧誘導因子就會與紅血球生成激素的啟動子結合，開始製造紅血球生成激素的 mRNA，然後轉譯形成紅血球生成激素，此激素可以促進紅血球的產生，最後使體內的攜氧能力提高，以適應氧氣較少的環境。如果我們在紅血球生成激素基因的 DNA 序列後面接上 GFP 基因的話（圖二），在一般氧氣充足的情況下，紅血球生成激素基因並不會表現，所以我們不會觀察到綠色螢光；但是當氧氣含量較低時，缺氧誘導因子與紅血球生成激素基因的啟動子結合，就會產生紅血球生成激素，此時我們將會看到這種蛋白質發出綠色螢光。這樣的實驗策略可廣泛應用於探測各種細胞內的蛋白質變化，我們可以知道細胞在活體內移動的路徑，也可以知道在血管生成時有哪些蛋白質會產生；我們甚至可以知道，當癌症產生時，有哪些蛋白質會大量地表現。

● 綠色螢光蛋白大放「異彩」

然而科學家並不滿足於現況。雖然我們已經可以觀測到細胞內的蛋白質，但如果我們想要同時觀測兩種以上的蛋白質呢？這時如果兩者都是綠色螢光的話，我們勢必無法分辨它們。錢永健為此提供了解決之道。早些時候，錢永健就已是螢光化合物的專家，他發明許多螢光化合物，用以偵測鈣離子的變化。他的研究也對 GFP 的發色團做進一步的闡述，

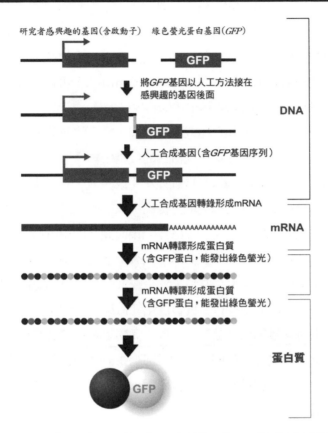

研究者感興趣的基因(含啟動子) 綠色螢光蛋白基因(*GFP*)

GFP

將*GFP*基因以人工方法接在
感興趣的基因後面

GFP

人工合成基因(含*GFP*基因序列)

GFP

DNA

人工合成基因轉錄形成mRNA

AAAAAAAAAAAAAAAA

mRNA

mRNA轉譯形成蛋白質
(含GFP蛋白,能發出綠色螢光)

mRNA轉譯形成蛋白質
(含GFP蛋白,能發出綠色螢光)

GFP

蛋白質

圖二 基因分子工程流程示意圖。利用基因工程技術,將*GFP*基因接在感興趣的基因後面,將這個人工合成基因注射到生物體內後,基因表現時轉錄轉譯而產生的蛋白質,就會發出綠色螢光。

說明這個結構如何經由化學變化產生螢光,除此之外,他將238個胺基酸長度的GFP,利用基因工程的技術,在螢光蛋白中不同的胺基酸位置進行代換。藉由這個方式,他改造出螢光效果比GFP更強更穩定的EGFP （enhanced GFP）；同時，他也陸續發展出不同顏色的變種GFP，如青綠色、藍色和黃色等等（圖三）。目前科學家使用的螢光蛋白，多半是由錢永健實驗室改造的GFP變體，讓科學家可以藉由在不同的蛋白質上做不同顏色的標定，來研究兩種以上蛋白質的變化與彼此之間的交互關係。

　　紅光比其他顏色更容易穿透組織，因此對於研究組織或是細胞特別有用。然而當時，一直無法將GFP變種形成會散發紅色螢光的分子。後來Mikhail Matz與Sergei Lukyanov這兩位俄國科學家為這個難題提出初步的解決方案。他們從散發螢光的珊瑚中找到會發螢光的蛋白質，其中一種會發出紅色螢光，即DsRED。不過DsRED較大，具有四條胺基

圖三　將表達不同螢光的細菌塗畫在培養皿上，就成了風情萬種的日落海景。（錢永健提供）

酸鏈,因此較不適合用作生物螢光標定。對此,錢永健再度發揮他的專長,將DsRED改造成只要一條胺基酸鏈就可以發出紅色螢光的蛋白質,這個蛋白質較小並且較為穩定,所以非常適合作為生物螢光標定。往後錢永健又陸續發展出許多顏色綺麗的蛋白質,如mPlum、mCherry、mStrawberry、mOrange和mCitrine等。因此,拜錢永健所賜,細胞內原本單調的世界,頓時間散發出閃亮繽紛的色彩。

美國哈佛大學的研究者,將老鼠的中樞神經系統標定上四種不同的顏色——紅色、黃色、青綠色和橘色。在不同的細胞內,會有不同的蛋白質表現量,因此產生各種不同強度的螢光,藉由這些強度跟顏色各異的螢光組合,使得中樞神經系統形成千變萬化的色彩,又被稱為腦彩虹(brainbow)。藉由這樣的色彩變化,研究者就能清楚分辨原本交纏糾結而無法辨認的神經網路。

● 未完待續的華麗冒險

至今科學家仍在持續努力善用GFP,利用DNA基因工程的操作,許多變種GFP陸續被發展,以產生不同的顏色或者變得更穩定。GFP也可以做為一種探測器,用來偵測重金屬:將GFP基因接至會因感應到重金屬而啟動的啟動子之後,再轉殖到細菌之內,當細菌處在具有重金屬的環境中,便會產生綠色螢光。除此之外,將GFP嵌入早期的胚胎細胞內,可以產生具有螢光的動植物,如螢光老鼠和螢光豬(圖四)。台大動物科學技術學系吳信志老師的研究室,就有這兩種螢光動物。這些螢光基因轉殖動物,提供幹細胞再生醫學一個很好的辨識系統:將幹細胞轉殖入生物體後,經過誘導分化,幹細胞會形成特定的細胞,但這樣就無法分辨出原本生物體內的細胞與轉殖進去後分化成功的細胞,無法確知實驗

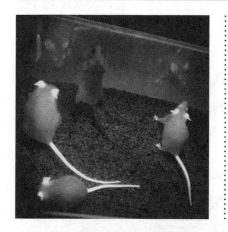

圖四 將 *GFP* 基因嵌入早期的胚胎細胞內，可以產生具有螢光的個體，如（A）螢光鼠以及（B）螢光豬。（吳信志提供）

是否成功。但這些螢光動物的幹細胞，在分化前後都會表現綠色螢光，就提供一個很好的標的，讓科學家去追蹤實驗結果。

另外，因為有了這些繽紛色彩，螢光動植物也被利用在商業方面，例如螢光寵物或是觀賞用螢光植物上。但這些基因轉殖動植物，還存在著基因工程安全與倫理的爭議：這些動植物是否願意被殖入螢光基因而發著綠光走在街頭上呢？但無論如何，GFP的發現與發展，的確讓科學家能藉由螢光標定，更瞭解生物體或細胞內生命的運作，也對疾病的產生跟治療有更進一步的認識。GFP在這方面的貢獻毋庸置疑。

○ 曖曖內含光——綠光的背後

偉大的成就都是許多人長期努力所累積而成，非一人一物一朝一夕可以達到。這次諾貝爾化學獎雖然頒給三位偉大的科學家，但在背後仍

須許多人的努力付出，才能促成如此的成就。其中一位代表就是之前提到複製出 *GFP* 基因的普瑞舍。普瑞舍是下村脩的同事，當他分離複製出 *GFP* 基因時，便發現到 GFP 的應用前景，可惜美國國家衛生研究院拒絕了他的研究申請，沒有研究經費的他只好放棄 GFP 的研究。當時他將 *GFP* 基因慷慨無償地給予了查爾菲與錢永健，因此才有後續的發展。查爾菲也提到普瑞舍的偉大貢獻，並說他能獲獎其實應該感謝普瑞舍。普

圖五　GFP 如今廣泛應用在各個領域，它最初的發現者就是對研究充滿熱誠的下村脩。（下村脩提供）

瑞舍後來離開學術界，當他知道GFP獲得諾貝爾獎的消息後，也給予誠摯的祝福。儘管諾貝爾獎與普瑞舍可說是擦身而過，但相信樂觀與知足，就是生命饋贈他最好的獎賞。

在三位諾貝爾獎得主中，下村脩的歷程較不同於其他兩位：他做了將近二十年的博士後研究員，多年來沒沒無聞，雖然GFP已然如此廣泛地被運用在生物、生技與醫學領域，但很多人並不知道GFP最初的發現者是誰，或者是根本搞錯人。但下村脩一路走來始終如一，他對自己的研究充滿熱誠，而且從中獲得至上的樂趣。

科學的基本精神本於純粹的求知，儘管這些人的研究在當時並沒有即時散發動人的光芒，但正因為這些基礎研究，才使得科學得以成長，也因為這些人的無悔付出，才能讓科學持續發光發亮。

吳益群：任教台大分子與細胞生物學研究所
蔣沅祥：就讀台大分子與細胞生物學研究所

細胞的蛋白質工廠——
轉譯生命現象的核糖體

文｜呂育修、譚婉玉

因利用X光晶體學解析出核糖體的三維分子結構，
來自以色列、美國與英國的三位科學家，
共同獲得了2009年諾貝爾化學獎。

艾達・尤娜斯
Ada E. Yonath
以色列
以色列魏茲曼研究所
（尤娜斯提供）

托瑪斯・史泰茲
Thomas A. Steitz
美國
耶魯大學
（美國耶魯大學提供）

文卡特拉曼・拉瑪克里斯南
Venkatraman Ramakrishnan
印裔英籍、美籍
劍橋大學
（拉瑪克里斯南提供）

自1944年美國科學家埃弗里（Oswald T. Avery）等人發現核酸（nucleic acid）為生物的遺傳物質後，科學家就陸續用化學、遺傳學及分子生物學的方法，描繪出基因複製與表達的中心法則（central dogma，圖一），但是要讓我們真正能「窺視」這個法則的運作方式，就必須藉助物理學的方法，去揭示參與其中之分子的結構。2009年的諾貝爾化學獎的三位得主，便是利用X光晶體學（X-ray crystallography）來研究細菌核糖體（ribosome）的三維結構，他們是以色列魏茲曼研究所的研究員艾達‧尤娜斯、美國耶魯大學教授托瑪斯‧史泰茲，以及英國劍橋大學的印裔科學家文卡特拉曼‧拉瑪克里斯南。值得一提的是，尤娜斯為1964年以來化學獎中唯一的女性得主，也是歷史上的第四位。

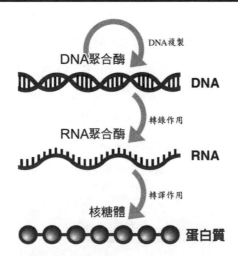

圖一　中心法則說明遺傳訊息的傳遞方式：DNA除能複製外，並能經由轉錄產生RNA，再經由核糖體轉譯成蛋白質。此法則指出，遺傳訊息無法由蛋白質回傳至核酸。（張路西繪製）

● 中心法則的三個重要分子結構

我們都知道去氧核糖核酸（DNA）儲存了生物的遺傳密碼，也就是生命的語言，但生命功能最主要的執行者卻是蛋白質。因此，瞭解生物如何正確地將DNA的語言逐字表述出來，以便支配蛋白質的產生，便是科學家研究的一個重要課題。經過多年的研究，科學家終於確立了遺傳訊息傳遞的準則——中心法則。現在眾所周知生物遵循著中心法則，將DNA密碼經過轉錄作用（transcription），產生訊息RNA（messenger RNA, mRNA），再經由核糖體將mRNA轉譯（translation）成蛋白質，細胞便得以利用這些蛋白質來維持生命的機能。

1962年的諾貝爾醫學獎得主詹姆士‧華生（James Waston）等人利用羅莎琳‧富蘭克林（Rosaline Franklin）的DNA結晶圖譜，成功詮釋了其雙股螺旋的結構，使我們瞭解DNA是如何利用其精巧的結構儲存遺傳訊息；1996年的化學獎得主羅傑‧孔伯格（Roger D. Kornberg）解析出真核生物的RNA聚合構造，讓我們看到DNA如何經由轉錄作用，產生相對應的mRNA。而中心教條的最後一塊拼圖，則因核糖體結構的解析而補齊——這就是2009年化學獎得主最大的貢獻，我們因而知道這台巨型翻譯機如何將mRNA的核酸語言，轉譯成由胺基酸建構成的蛋白質，以推動細胞的運作。

● 巨大的蛋白質生產工廠——核糖體

本次化學獎的主角便是負責轉譯作用的關鍵分子——核糖體。核糖體存在於細菌到人類等所有的生物中，它是由大、小兩個次單元（large subunit 與 small subunit）所組成的巨型分子，更重要的是，它包含核酸

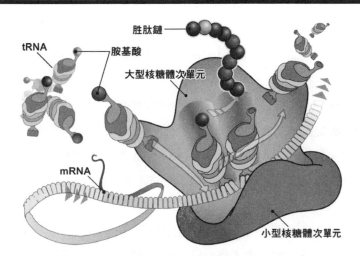

圖二 在mRNA上的核糖體能促成帶有胺基酸的tRNA與mRNA配對，同時催化胜肽鏈合成反應。完成任務之後，舊有的tRNA會先離開核糖體，而核糖體則向前移動以進行下一輪反應。（圖片來源：維基百科）

及蛋白質兩種成分。在細菌中，大的次單元由23S和5S兩個核糖體RNA（ribosomal RNA, rRNA）及三十四個蛋白分子組成，小的次單元則是由一個16S rRNA與二十一個蛋白分子組成，而真核生物的核糖體又更加複雜。

　　核糖體是一個巨型的蛋白質合成工廠，首先小型次單元與mRNA結合，尋找mRNA上的起始密碼子（start codon），當它再與大型次單元結合後，便會開始進行轉譯的化學反應（圖二）。核糖體就如一部解碼機，會在mRNA上依序讀取密碼子（codon），並且將符合密碼子的tRNA與mRNA進行配對，核糖體可同時容納兩個tRNA，在rRNA的催化下，新來的tRNA所攜帶進來的胺基酸，就會與舊有之tRNA上的胺基酸或是胜

肽鏈發生基轉移反應（peptidyl transferase reaction），以產生新的胜肽鏈（peptide bond）。接下來核糖體便向前移動，重複胜肽鏈形成反應直到遇見mRNA上的終止密碼（stop codon）為止，最後形成的長鏈胜肽便是蛋白質。

1960年代，儘管科學家已對核糖體在轉譯作用上扮演的角色有相當的認識，但是對於核糖體如何辨識正確的tRNA，以及如何形成胜肽鍵等細節，卻還是充滿疑問。華生曾在1964年提到：「除非我們知道生物分子的詳細化學結構，否則我們無法精準地描述其所執行的反應。」從此科學家開始致力於解析核糖體的三維結構。

在現今許多分析生物分子結構的技術當中，以X光晶體學最為普及。其原理是利用同步加速器（synchrotron）將電子加速至接近光的速度，然後將此光束打向生物分子所形成的晶體，接著利用底片或是數位鏡頭，記錄經由X光繞射後分子所產生的圖形，最後再經由數學程式及電腦分析，建構出生物分子的三維結構（圖三）。由於單一分子的X光束繞射訊號強度不足，結構生物學家必須使分子形成高純度的晶體來增強訊號，因此製備一個完美的分子晶體便是重要關鍵，通常這個分子需有相當高的濃度與純度、排列整齊且不易被分解。由於各種分子的特性不同，所以科學家須要嘗試各種不同的結晶條件，以製備出適當的晶體。

不過在1960及70年代，無論是X光繞射的儀器或是製備晶體的技術都還未非常成熟，而核糖體本身太過龐大，又同時擁有蛋白質和核酸兩種巨分子，使得它不僅結構巨大複雜又容易被分解，因此其晶體之製作被視為一項艱鉅的挑戰，但這並未讓以色列結構生物學家尤娜斯就此退縮。

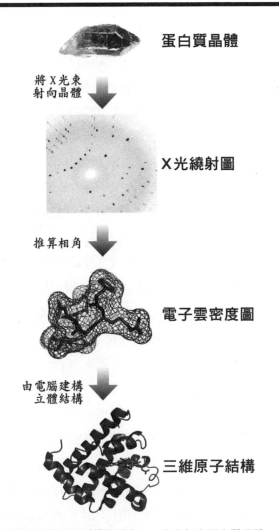

蛋白質晶體

將 X 光束
射向晶體

X光繞射圖

推算相角

電子雲密度圖

由電腦建構
立體結構

三維原子結構

圖三　利用X光晶體學建構分子結構的流程：X光束打向蛋白質晶體，產生繞射圖形；藉繞射圖推算出相角後，經由數學程式及電腦分析，可建構出生物分子的三維結構。（圖片來源：維基百科）

● 北極熊的啟示

在面對許多科學家的失敗經驗後，尤娜斯還能勇於挑戰這看似不可能的任務，起因於她在一次單車意外後的休養期間看了一篇關於北極熊的報導。這篇報導描述北極熊在食物缺乏的冬天，會進入類似冬眠的狀態，其體內細胞中的核糖體會有一部分與細胞膜結合，形成類似單層的結晶構造。這篇報導讓尤娜斯認為，核糖體並非如當時科學家想像得那麼不穩定，相反地核糖體可能在某種條件下形成晶體。

秉持著這想法，尤娜斯開始了將近二十年、超過二萬五千次的核糖體晶體製備試驗。在這段期間，尤娜斯選擇一些喜歡在高溫、高鹽等極端環境下生存的細菌來進行試驗，因為她認為這些細菌的核糖體應該較為穩定；另外，她也嘗試利用液態氮產生的低溫環境，來增加晶體的結構穩定性。直到1980年代，尤娜斯終於成功製作出第一個核糖體晶體，這項突破震撼了科學界，並且吸引眾多結構生物學家投入此行列，其中包括了史泰茲與拉瑪克里斯南。

● 生物學中的數學難題

到了1990年代初期，尤娜斯的晶體製作技術已逐漸成熟，所得出的X光繞射資訊，也足夠提供給電腦進行計算，然而她還是無法成功將繞射圖轉換為三維構造，主要原因在於相角（phase angle）問題——科學家必須知道X光繞射圖上每一個黑點的相角，才能利用數學公式，決定出立體結構中每一個原子的所在位置，以獲得清晰的三維結構。

為了解決相角問題，科學家通常將晶體浸入重金屬溶液中（其中最常使用的是汞溶液），使重金屬離子附著在晶體表面，結晶學專家將經重

金屬處理的晶體圖譜與未處理過的比較後，便可推算出相角。但由於核糖體含有太多蛋白分子與rRNA，使用同種方法時，會導致其上附著的重金屬離子過量而無法分析，因此關於它的相角計算問題仍是困難重重。然而，史泰茲卻解決了這問題。

史泰茲從美國哥倫比亞大學教授法蘭克（Joachim Frank）處，獲得了核糖體的電子顯微鏡照片，並藉此推得核糖體在晶體中的空間排列，再與先前的X光繞射圖對照後，終於得出每一個黑點的相角，在1998年發表了第一個大型核糖體次單元的結構圖（圖四）。

史泰茲除了解開核糖體的三維結構，也幫助釐清一個長久以來的疑問：核糖體如何催化胜肽鍵形成？他讓核糖體停滯在胜肽鍵形成反應中的不同步驟，並針對這些核糖體晶體進行X光繞射分析，因此推演出詳

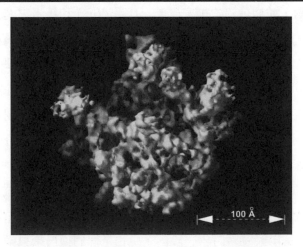

圖四 史泰茲在《細胞》期刊上發表的大型核糖體次單元結構圖。（圖片來源：*Cell*）

細的化學反應過程。他的研究結果也印證，核糖體內的rRNA（而非蛋白質）才是真正催化胜肽鍵形成的主角。這樣的結果不僅解答了核糖體在胜肽鏈合成上的關鍵問題，也支持了關於生命起源的一個假設——生命的最初物質，是由既可攜帶遺傳訊息又可催化化學反應的RNA所構成的。

● 鑰匙與鎖——密碼子與補密碼的關係

同一時間，拉瑪克里斯南也加入了這項解析核糖體結構的激烈競賽。拉瑪克里斯南原本在博士班攻讀理論物理，因求學期間閱讀了《科學美國人》（*Scientific American*）雜誌上有關生物學的一些報導，開始對生物學產生濃厚的興趣，之後便於耶魯大學開始從事結構生物學研究。

拉瑪克里斯南除了解析出小型核糖體次單元的三維結構外，同時也發現核糖體在mRNA上讀取密碼子時，會促成帶有胺基酸的tRNA與mRNA配對，並使前者之補密碼（anti-codon）和後者之密碼子，能如鑰匙與鎖一般地相互結合，不過這樣的配對並不足以說明核糖體的低出錯率。之後他又發現，小型核糖體次單元的rRNA可衡量密碼子與補密碼結合後的距離，就像一把齒痕正確的鑰匙仍不足以開鎖，除非鑰匙的長度也能與鎖孔相符，才能完成開啟的動作。核糖體便是利用這樣雙重確認的方式，確保密碼子與補密碼的結合正確無誤，將蛋白分子合成時的出錯率降低至十萬分之一。

在2000年時，尤娜斯、史泰茲以及拉瑪克里斯南這三位科學家，分別用X光晶體學解析出核糖體次單元的結構，並詮釋了蛋白質工廠運作的謎團，讓這場競賽暫時告一段落，這也是他們獲得諾貝爾化學獎的原因，並且我們可從中看出結構生物學的重要性，就如同英國劍橋大學的教授桑德斯（Jereny Sanders）所言：「在將近七年的諾貝爾化學獎中，

其中有三次由結構生物學家獲得殊榮。雖然這些研究成果看似屬於生物學的範疇，其實它們也屬於化學科學的一部分，就如同生命的過程，也是由一連串的化學反應所組成的一般。這些人的研究讓我們重新看待化學在科學研究上的角色。」

○ 給細菌致命一擊

核糖體在細胞中負責蛋白質合成的重要任務，當它失去功能時，細胞便會死亡，因此若能找到抑制細菌核糖體的藥物，就可用來對抗細菌。以往所使用的氯黴素（chloramphenicol）及紅黴素（erythromycin），便是會與大型核糖體次單元結合的兩種抗生素。氯黴素的作用機制主要是干擾胜肽鏈的合成，而紅黴素則是占據核糖體中容納 tRNA 的位置，導致 tRNA 無法與核糖體結合。這些抗生素利用不同的機制，最終皆能阻止轉譯作用的進行，造成細菌死亡。

然而細菌也不是好惹的，近年來由於抗生素濫用的情形日益嚴重，具有多重抗藥性的細菌逐漸威脅我們的生命，細菌感染的問題變得相當棘手。所幸，在瞭解核糖體的細微構造後，這三位諾貝爾化學獎得主也著手於分析抗生素對於核糖體的作用機制，因此除了在基礎科學上的貢獻外，他們的研究也可應用於臨床醫學，有助於開發出更多新型或是更有效的抗生素。目前，史泰茲與耶魯大學的同儕摩爾（Peter Moore）及加州大學聖克魯茲分校的諾勒（Harry Noller）成立 Rib-X 公司，致力於新抗生素的開發。

○ 發現是最大的喜悅

科學研究之路總是艱辛而漫長，唯有意志堅強及努力不懈的人，才

能摘到甜美的果實。在尤娜斯超過四十年的核糖體研究中，除了面對製備晶體的巨大挑戰外，還要忍受其他科學家的質疑眼光。尤娜斯在一次與諾貝爾委員會的電話訪談當中，回憶她在剛開始決定要製作核糖體晶體時，很多人都不以為然的情形，當時她總是回應他們：「大概我在單車意外時受到的腦震盪傷害還沒復原吧！」雖然是一句玩笑話，卻可看出尤娜斯的執著。

尤娜斯形容每一天的辛苦過程就如同一個小故事，其中有遭遇困難時的沮喪、也有解決問題後的喜悅與成就感，而每一個成功故事都需要其他人的幫忙才可能完成，這當中包括了加州大學的諾勒。諾勒同樣參與解析核糖體結構的競賽，他主要的貢獻是發現核糖體中的 rRNA 確是催化胜鍵形成反應的主要分子（和史泰茲一樣）；另外，他也是第一個解析出具有大、小兩個次單元之核糖體結構的科學家。他的成就的確不亞於其他三人，但諾勒沒有得到諾貝爾委員會的青睞。當很多人為他抱不平時，他卻說：「數以千計的人都對解析核糖體的三維結構做出了貢獻，然而他們並沒有得過任何一個獎項。我所得到的肯定已經夠多了，也不奢望再要求些什麼。對我來說，研究最好的回饋便是當你有所發現時，你是世界上唯一一位對你的發現真正有所瞭解的人，這也是驅動我持續研究的最大動力。」

尤娜斯除了醉心於核糖體的研究之外，還有一個非常疼愛的小孫女，這個可愛的小孫女曾在她五歲時邀請奶奶到幼稚園演講，或許當時幼稚園的小朋友不太清楚尤娜斯對人類及科學界做出的偉大貢獻，不過可以肯定的是，這些小朋友也和我們一樣，因為尤娜斯與其他兩位化學獎得主的貢獻，有一天可以免於細菌的致命威脅。我們除了感謝這三位得主對科學做的一切努力外，也不要忘記其他默默耕耘的科學家。科學的知

識本是無垠無涯，就因為他們憑著強烈的求知欲，辛勤不懈地在這片科學的知識沃土上耕作，才讓我們獲得了這無與倫比的豐饒收穫。

參考資料：

1. 諾貝爾獎官方網站。http://nobelprize.org/nobel_prizes/chemistry/ laureates/2009/info.html
2. Nobel committee skips over UCSC chemist. http://www.santacruzsentinel.com/ ci_13511709
3. Read, R.J., Protein Crystallography Course, University of Cambridge. http://www-structmed.cimr.cam.ac.uk/Course/Overview/Overview.html

呂育修、譚婉玉：中央研究院生物醫學研究所

拓展有機金屬觸媒應用——
分子建築師

文｜陸天堯

美日三位科學家，研究以鈀化合物催化有機合成反應，
拓展了人工合成物質的範圍，因此獲頒2010年的諾貝爾化學獎。

理察·赫克
Richard F. Heck
美國
美國德拉瓦爾大學
（德拉瓦爾大學提供）

根岸英一
Ei-ichi Negishi
日本
美國普渡大學
（普渡大學提供）

鈴木章
Akira Suzuki
日本
北海道大學
（北海道大學提供）

對於諾貝爾化學獎而言，21世紀似乎是合成化學的世紀，或許說得更貼切一點，是以有機金屬化合物作為觸媒催化有機反應的世紀。若把合成化學視為分子建築，那合成化學家就是分子建築師了。

◎ 有機合成，連番獲獎

2000年白川英樹（Hideki Shirakawa）利用鈦化合物及三烷基鋁觸媒（也就是齊格勒—納塔觸媒，Ziegler-Natta catalyst）合成聚乙炔，與麥克戴密（Alan G. MacDiarmid）及希格（Alan J. Heeger）共同發現導電高分子而得獎（見《科學月刊》2000年12月號）；2001年諾里斯及野依良治利用有機銠及釕的觸媒，對烯烴化合物（alkene，也就是含碳—碳雙鍵的化合物），進行了不對稱氫化還原反應，並與夏普利斯利用有機鈦進行不對稱氧化反應，共同獲獎（見本書p.18）；蕭文（Yves Chauvin）、葛拉布茲（Robert H. Grubbs）和施洛克（Richard R. Schrock）因烯烴複分解反應（olefin metathesis）而得到2005年的獎項，他們所用的觸媒是有機釕、鉬及鎢化合物（見本書p. 72）。

2010年的化學獎則頒給了美國德拉瓦爾大學（University of Delaware）的赫克教授、普渡大學的日籍教授根岸英一，以及日本北海道大學榮譽教授鈴木章，以表彰他們在有機合成中應用鈀化合物為催化劑的卓越貢獻。

赫克、根岸及鈴木教授的主要貢獻是發現鈀催化的交叉偶合反應，偶合反應其實是一種複分解反應，當A-X與B-Y反應，生成A-B及X-Y。即：

A-X＋B-Y→A-B＋X-Y

如果A及B都是含碳的有機基團時，反應就生成碳—碳鍵的有機產

物A-B，這就是偶合反應，無機產物X-Y可以很容易被分離除去。假使A與B為不同結構的有機基團時，這個反應就稱為交叉偶合反應。

● 有機金屬化學發展歷程

自2000年以來，諾貝爾化學獎十一次獎項中，有四次頒發給這一領域相關的學者，絕非偶然。過去六十年來，有機金屬化學成為一門新興蓬勃發展的領域，化學家對於過渡金屬與碳原子間的化學鍵有較深切的瞭解，讓我們對於一些催化反應中可能的中間體結構能做出合理的推斷，許多新型的反應於焉誕生。

當二個原子共用一對電子，而它們的軌域方向與二個原子的連線相同時，則形成 σ 鍵（圖一A）；如果它們的軌域方向與二個原子的連線垂直時（如二個p軌域），則形成 π 鍵（圖一B）。

早在上世紀初，科學家就已知道主族金屬中的鹼金屬及鹼土金屬可與碳原子結合形成 σ 鍵，1912年化學獎得主格利雅（Victor Grignard）發現的格利雅試劑（Grignard reagent）——R-MgBr（R為烷基）中就

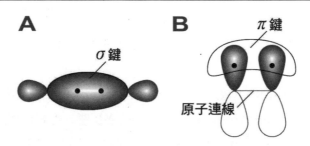

圖一 （A）共用電子的兩原子，在軌域與原子連線方向一致時形成 σ 鍵；（B）而當共用電子的兩原子軌域與原子連線方向垂直時，則會形成 π 鍵。（白淑麗繪製）

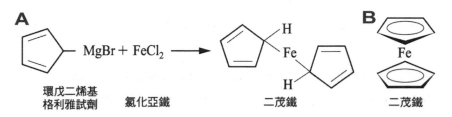

圖二 （A）鮑森以環戊二烯基格利雅試劑與氯化亞鐵進行複分解反應，推測產物之一的二茂鐵為兩個環戊二烯分子以鐵為中心的點對稱結構；（B）伍德沃得則提出兩個環戊二烯以上下包夾的方式，與鐵分子形似三明治般組成二茂鐵，而經過實驗證實後者才是正確。（白淑麗繪製）

含有碳與鎂金屬形成的 σ 鍵。在這個有機鎂化合物，R基團的電子密度較大、呈負電荷，因此可與帶正電荷的原子或基團反應，例如下式中格利雅試劑R-MgBr也可與水反應，生成R-H及氫氧化溴鎂（MgBrOH）。

R-MgBr + H_2O → R-H + MgBrOH

　　1951年蘇格蘭的鮑森教授（Paul L. Pauson）將環戊二烯基格利雅試劑（$BrMgC_5H_5$）與氯化亞鐵（$FeCl_2$）進行複分解反應，生成副產物氯化溴鎂（MgBrCl）以及雙環戊二烯基鐵（$Fe(C_5H_5)_2$，俗稱二茂鐵），並提出了結構模型（圖二A）。當哈佛大學的威爾金森（Geoffrey Wilkinson，1973年諾貝爾化學獎）與伍德沃得（Robert B. Woodward，1965年諾貝爾化學獎）看到了這篇論文，立刻畫出與鮑森不同的模型，其二茂鐵模型結構有如三明治（圖二B），在經過X-光繞射實驗，證實了三明治的結構。

　　之前科學家已知氨（NH_3）上的孤對電子與金屬可形成配位鍵（圖三A），二茂鐵的發現，說明了過渡金屬還可與烯烴的 π 鍵電子形成配位鍵

（圖三 B）。這個重大的突破，奠定了有機金屬化學領域成為化學研究的一個重要里程碑，因此威爾金森與德國的費雪（Ernst Otto Fischer）於1973年獲得化學獎（見《科學月刊》1974年1月號）。值得一提的是1963年的諾貝爾化學獎得主齊格勒（Karl Ziegler）及納塔（Giulio Natta）的研究成果，是在極偶然的情況下意外發現。當時任職德國馬克斯普朗克煤炭研究所（Max-Planck-Institut für Kohlenforschung）的齊格勒，正在研究以三乙基鋁〔$(C_2H_5)_3Al$〕的催化劑來促進乙烯（C_2H_4）的寡聚反應，也就是讓數個乙烯分子形成聚合，以用來合成長鏈烷基鋁（〔$CH_3(C_2H_4)_nCH_2$〕$_3Al$），而這些反應都是在高壓釜中進行。有一次實驗結果的產物只能得到1-丁烯（C_4H_8），沒有生成寡聚物，後來發現當同個高壓釜在以鎳（Ni）催化劑從事其他實驗後，如果沒有洗乾淨的話，就會影響乙烯寡聚實驗而只生成1-丁烯，反之就可以得到預期的長鏈烷基鋁（圖四A），這就表示鎳可以催化乙烯的二聚（僅有二個分子結合），生成1-丁烯，

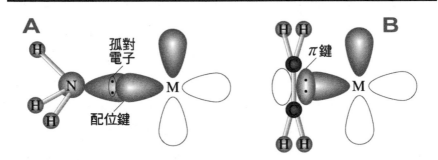

圖三 （A）氨分子上的孤對電子與金屬形成配位鍵示意圖。孤對電子為分子中存在著電子而能跟其他原子軌域鍵結的軌域，配位鍵則是指有機分子與金屬間形成的鍵結。（B）二茂鐵上的烯烴 π 鍵電子與金屬形成配位鍵示意圖。（白淑麗繪製）

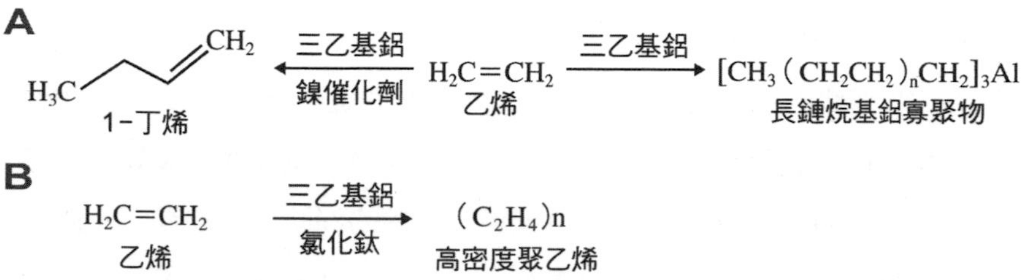

A

H$_3$C —CH$_2$ 1-丁烯　←　三乙基鋁／鎳催化劑　H$_2$C=CH$_2$ 乙烯　→　三乙基鋁　[CH$_3$（CH$_2$CH$_2$）$_n$CH$_2$]$_3$Al 長鏈烷基鋁寡聚物

B

H$_2$C=CH$_2$ 乙烯　→　三乙基鋁／氯化鈦　（C$_2$H$_4$）n 高密度聚乙烯

圖四　（A）在乙烯的寡聚實驗中，如果參入了鎳，就會形成1-丁烯；（B）以氯化鈦為催化劑讓乙烯能夠高密度聚集。

即所謂的「鎳效應」。之後齊格勒嘗試將一系列的過渡金屬化合物加到三乙基鋁來催化乙烯的反應，結果發現加入氯化鈦（TiCl3）後能夠生成高密度結晶型的聚乙烯（圖四B），其形態與自由基聚合的聚乙烯不同（如用於保鮮膜者），可製作用以承重的塑膠袋。與此同時，利用有機鎳催化有機反應也積極地展開。

　　這些早期的研究告訴了我們一個事實，利用過渡金屬來催化有機反應往往可得到一些意外驚喜，這是由於金屬原子不但可以與碳原子結合成 σ 鍵，還可與烯烴的 π 鍵生成配位鍵，因而改變了有機基團的性質及反應活性，這便是應用有機金屬化學到有機合成的一些客觀背景。

　　有機合成的精髓在於利用簡單便宜的原料化合物，經過一系列的化學反應，建構成複雜結構的產物。我們的原料化合物，絕大多數是來自石油裂解而所合成的產物，更與我們日常生活息息相關。合成化學可說在當今物質文明的進步扮演了極重要的角色。我們的日常用品，從信用卡到手機電腦，從塑膠器皿到汽車用品，從醫藥到人造衛星，這些產品的原料都是來自合成化學。

在有機合成中，最重要的反應是碳—碳鍵的形成，在有機金屬化學發展以前，多數碳—碳鍵的形成反應是屬於飽和的碳—碳鍵，一個碳原子最多可以形成四個 σ 鍵，這就是所謂「飽和的碳」。相對而言，利用傳統的有機反應，直接讓二個烯烴衍生物進行反應，生成雙烯或類似的產物是很不容易的，這時形成 σ 碳—碳鍵之兩端的碳原子分別具有一個 π 鍵，這種含 π 鍵的基團是屬於不飽和的，具有一些特殊的性質，有廣泛的應用性。

● 金屬化合物催化劑

有鑑於合成上不易得到上述兩端之碳原子分別具有 π 鍵的 σ 碳—碳鍵，任何新的合成法都格外引人注目。在1971~1972年，日本東京工業大學的溝呂木勉（Tsutomu Mizoroki）及美國德拉瓦爾大學的赫克，幾乎同時發現利用零價鈀化合物為催化劑，可讓苯基碘與苯乙烯進行偶合反應，也就是所謂的赫克反應（圖五A），這個反應是能夠直接將二個不飽和的碳原子脫去氫碘酸（HI），結合形成 σ 碳—碳鍵，生成相對應的偶合產物二苯乙烯（$C_{14}H_{12}$）。

由於氫碘酸是一種強酸，所以在反應中需加鹼（碳酸鈉）中和。在這碘負離子可視為一個很好的離去基團，所以很容易被活化。鈀的作用在於活化碳—碘鍵，成為建立碳原子間的單鍵方法中最重要反應之一。赫克反應可以將二個分子經偶合而結合在一起，也可以在同一個分子上發生而得到環狀產物。這反應被廣泛地運用在藥物的合成，如消炎止痛藥拿百疼（naproxen，圖五B）、氣喘治療藥物欣流（montelukast，圖五C），以及一些在光電產業的化學原料。

幾乎同時，日本京都大學的熊田誠教授（Makoto Kumada）、玉尾

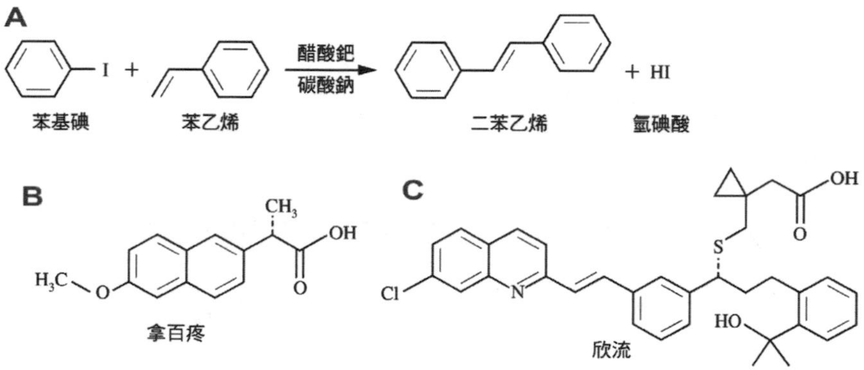

A

苯基碘　　苯乙烯　　醋酸鈀／碳酸鈉　　二苯乙烯　　氫碘酸

B　拿百疼

C　欣流

圖五　（A）在醋酸鈀〔$Pd(C_2H_3O_2)_2$〕的催化下，讓苯基碘與苯乙烯偶合反應形成二苯乙烯。這樣將碳環狀分子與碳短鏈結合的反應就是赫克反應；（B）應用赫克反應合成的藥物拿百疼及（C）欣流的分子結構式。

皓平（Kohei Tamao）助教授以及法國的蒙特波利爾大學柯里鄔（Robert J. P. Corriu）教授，分別發表了以鎳化合物為催化劑，催化格利雅試劑與氯苯（C6H5Cl）的交叉偶合反應（圖六A），可有效得到相對應的產物。這二項工作，為過渡金屬催化之偶合反應，奠定了基礎。

　　由於鎳與鈀在週期表上屬於同一屬，所以二者一些性質上頗為相近。就在這客觀條件下，各種不同的鈀催化的交叉偶合反應陸續被發現。由於格利雅試劑非常活潑，可與各種官能基團反應，造成了上述鎳催化的交叉偶合反應之局限性。根岸英一教授及時發現有機鋅試劑，在鈀催化下可與烯烴碘（$C_6H_{11}I$）進行交叉偶合反應。有機鋅試劑要比格利雅試劑溫和許多，因此許多官能基團得以保留下來，使交叉偶合反應有更廣泛的應用性，這反應被稱為根岸偶合反應（圖六B）。

　　而鈴木章教授及宮浦憲夫（Norio Miyaura）助教授發現鈀也能催化

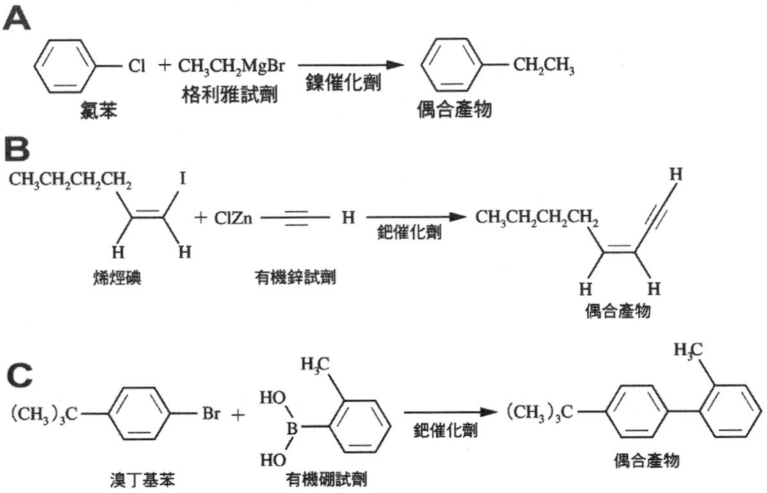

圖六 （A）以鎳為催化劑進行的偶合反應；（B）以烯烴碘與有機鋅試劑進行的根岸偶合反應；（C）以溴丁基苯（$C_4H_9(C_6H_4)Br$）與有機硼試劑進行的鈴木－宮浦偶合反應。

苯基碘與有機硼試劑進行交叉偶合反應，稱為鈴木偶合反應或鈴木－宮浦偶合反應（圖六C）。在這反應條件下有機硼試劑只進行交叉偶合反應，不會與其他官能基團反應，這一優點很快地被廣泛應用於有機合成上，特別值得一提的是鈴木偶合反應所用的試劑頗穩定且毒性低，所以許多製藥研究常用這反應來合成一些中間體。

　　這三種反應，都是利用鹵素負離子（一種很好的離去基團）的離去，得以活化碳－鹵素鍵進行偶合反應。由於鹵素負離子離去基團都是很弱的鹼，因此衍生出其他的弱鹼離去基團也可以進行交叉偶合反應，因此除了鹵素外，一些碳－氧鍵、碳－硫鍵，甚至碳－氮鍵，都可以進行偶合反應，形成碳－碳鍵。除了有機鎂、有機鋅及有機硼之外，有機錫、

有機矽、有機銅、有機鋰等含主族元素的有機金屬化合物，也都可以進行偶合反應。這些反應除了可以得到碳─碳鍵，化學家更修飾了反應，應用在碳─氮鍵、碳─氧鍵、碳─硫鍵等的形成。

近年來，麻省理工學院的傅中暐（Gregory C. Fu）教授更將偶合反應延伸到飽和的碳─碳鍵合成，甚至可形成不對稱手性化合物。金屬催化劑也不限於鎳及鈀，舉凡第八至第十屬的過渡金屬化合物，甚至金、銀、錳等化合物也都可以促進各種不同的偶合或相關的反應，他們的工作把有機反應推到了一個新的紀元，這可以說明為什麼2010年諾貝爾化學獎要頒給赫克、根岸及鈴木三位教授。有云20世紀後五十年是科學的「文藝復興」世代，這樣的比擬絕不為過。

◉ 後記

值得一提的是鈴木及根岸二位教授早年都跟隨過普渡大學的布朗（Herbert C . Brown）教授（1979年以有機硼化學在有機合成的應用獲得諾貝爾化學獎）從事博士後研究，名師出高徒又增一例。這兩位日籍教授，分別在2004年及2009年在台大化學系開有機合成的課程上，講授交叉偶合反應。在國科會支持下，有機金屬化學的研究在台灣也相當蓬勃，2001年在圓山飯店舉辦過國際純粹及應用化學聯盟轄下之有機金屬化學在有機合成的應用國際會議，國內外八百餘人與會，根岸教授及2005年得主葛拉布茲均為大會特邀講者。2010年在國際會議中心的有機金屬化學國際會議，也有七百餘人參加，有2005年的另一位化學獎得主施洛克應邀做大會報告。在這二次的盛會中，台灣學者也多有傑出表現。

陸天堯：台大化學系

2011

結晶學的黃金傳奇——
準晶的發現與研究進展

文｜李積琛

一位以色列化學家從一個合金的樣品中，
得到一個「奇異」的繞射圖案，
從此展開了既爭議又具挑戰性的領域——準晶。

丹・謝赫特曼
Dan Shechtman
以色列
以色列理工學院
（愛荷華州立大學提供）

準晶是一種奇特的固體，原子結構相當規則但不像晶體那麼規律，介於晶體與非晶體之間。2011年諾貝爾化學獎頒給現年七十歲的以色列化學家丹‧謝赫特曼（Dan Shechtman），表彰他當年發現「準晶」（quasicrystals）的結構，他的發現徹底改變了科學家對固態物質結構的認識。

◎ 晶體結構

在研究準晶的性質之前，讓我們先瞭解什麼是晶體（Crystal）。晶體和非晶體（amorphous）之間的區別在於原子／分子的排列在晶體中具有週期性的秩序（以數百萬的原子為單位），而非晶體則是毫無秩序與規則。因此，晶體可以視為具有規則排列的原子或分子。19世紀的礦物學家阿羽伊（R. J. Haüy）提出晶體是由許多相同大小的「格子」所組成，之後由布拉菲（A. Bravais，十四種晶格單元），熊夫利（A. M. Schoenflies，三十二個點群），與弗道洛夫（E. Fedorov，二百三十個空間群）建立結晶學的數學模型。在20世紀初，X光的發現更證明原子在結晶相狀態的排列是有週期性的。近代的結晶學與X光繞射實驗儀器的發展，讓我們對晶體結構的認識有更精確的描述：具體而言，晶體具有最小的單元，稱為單位晶格（unit cell），具平移週期性，因此在移動晶格的整數倍後，單位晶格中的原子位置會與原來的相對位置相同，在1980年代以前的結晶學書籍均使用這樣的定義描述。

晶體的規律結構可讓我們只需要知道它的一部分便能瞭解全貌，因為一個晶體便是由無數晶格堆疊在一起的單元，例如氯化鈉鹽（NaCl）的一個單位晶格包含了四個氯與四個鈉離子，這些離子以簡單的方式排列在單位晶格的角落、邊、面和立方體內部。如果可以使用放大鏡檢視

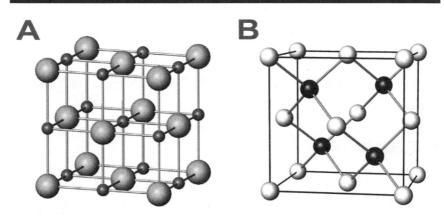

圖一 晶體的規律結構讓我們只需要知道它的一部分便能瞭解全貌。（A）氯化鈉的結構；（B）硫化鋅的結構。

氯化鈉鹽，就會發現很多一樣的單元排列，形成一個立方體形（圖一A、B）。其他鹽類化合物，如氯化鉀、氧化銅和鎂硫化物也具有與氯化鈉鹽相同的原子排列，而這樣的結構關連使晶體學家可將不同的化合物以結構分類。

在晶體結構中，可用旋轉的形式使原子位置到達空間中與原始位置相對等的位置，但為了維持平移週期性，晶體結構能允許的旋轉對稱只能有60、90、120、180與360等旋轉角度，而旋轉36度（十轉軸）或72度（五轉軸）無法維持平移週期性，因此不能存在。以另一種方式來解釋，假設使用等邊形瓷磚鋪在二維的平面上，正三角、四邊與六邊形的瓷磚可鋪滿地面且不留下縫隙，但正五邊形便無法做到（圖二），同樣在三維的結構中，具有五轉軸對稱的正12、20與32面體（C_{60}）形狀的單元也無法形成有週期性的晶體（圖三）。

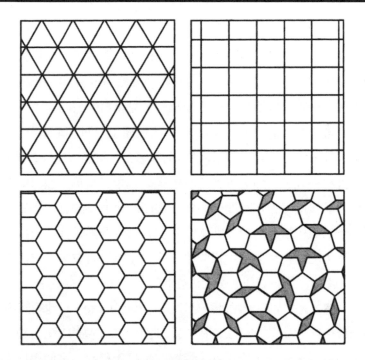

圖二 以正多邊形填在二維平面。具有五轉軸對稱性的五邊形留下灰色空隙，其他多邊形則完全填滿。（圖片來源：Ball, 1994）

圖三 具有五轉軸對稱性的12、20與32面體。（圖片來源：作者提供）

　　當晶體在單一波長的X光照射下，因為光的波動性，X光束在穿過週期性排列的原子時，在反射的過程中會因行徑路線的長度不同，造成光波的干涉。當兩束光的波鋒相對時，會形成建設性干涉而振幅增加；相反則為破壞性干涉而振幅減弱。英國物理學家布拉格（L. Bragg）發現X光繞射強度會隨角度變化，他也瞭解到X光繞射的方向與原子層間的關聯而得到布拉格定律（Bragg's Law）。由於原子週期性的排列，使X光與原子中的電子作用，產生有秩序的繞射點圖形，這個特性只有晶體才有，非結晶性材料在X光照射下不會產生繞射現象。當單一波長的X光照射在一個單晶樣品，會在空間中形成有秩序的繞射點圖樣，其對稱性的條件與晶體的原子排列一致，即不允許有五轉軸的對稱性。這些繞射點強度與空間中的位置和晶體中組成原子的電子密度有關，可經由結構解析的過程，還原晶體中組成原子的排列狀態。

　　第一個X光單晶繞射點圖譜是由勞厄（M. Laue）和他的同事在1912年研究硫化鋅（ZnS）所記錄的結果。他們發現單晶的X射線繞射在感光底片上會形成規律分布的斑點，具有四轉軸對稱性，這個特性也反映在ZnS晶體結構。而氯化鈉晶體的結構是第一個以X射線繞射實驗解出的結構，由布拉格在1913年發表。近代科學家已經能夠很純熟地使用單晶X光的分析技術，來瞭解結晶態化合物的結構。2009年諾貝爾化學獎是有關核糖體的結構研究，這些大分子的生物結構，需要高強度與高解析度的X光單晶繞射實驗（同步輻射光源），才能瞭解晶體內原子的確切位置。

● 準晶是什麼？

　　準晶可以看成是一種介於晶體和非晶體之間的固體，具有特殊的結

構與原子排列秩序，但是並不具有傳統晶體應有的原子排列與單位晶格平移特性，也就是說原子的排列有秩序但永遠不會重複。目前已知的準晶相依據其結構可分成兩類：一、二維準晶相結構：具有平面的二維準晶相結構，垂直於該平面具週期性結構，在二維的結構中具有八、十或十二轉軸的旋轉對稱。二、三維準晶相結構：在空間中沒有週期性結構，具20面體對稱性。目前發現的準晶大部分為合金相，多數為含鋁元素的合金（AlLiCu, AlMnSi, AlNiCo, AlPdMn, AlCuFe, AlCuV等），其他二元及三元相的合金包含CdYb, TiZrNi, ZnMgHo, ZnMgSc, InAgYb, PdUSi等。除了實驗室所合成的準晶，2009年賓迪（L. Bindi）等人發現在自然界也存在準晶相，其組成接近$Al_{63}Cu_{24}Fe_{13}$。

○ 準晶的發現

1980年代，由於高解析度電子顯微鏡儀器的普及，使得世界各地的研究單位可使用電子顯微鏡觀察材料的微結構。因為電子束與X光一樣具有波動性，所以電子束照射到結晶材料可以得到電子繞射圖。相對於X光繞射，電子束具有更高的能量與更短的波長，利用聚焦的電子束可以照射到很小的單晶顆粒（約奈米尺度）而得到材料的繞射圖譜，這對研究結晶相材料有很大的幫助。

丹‧謝赫特曼（Dan Shechtman）於1982年在美國國家標準局（National Bureau of Standards）擔任訪問學者，研究合金相材料在熔融狀態下以超高速冷卻後的性質。在一個鋁錳合金樣品的電子繞射實驗中，他得到一個「奇異」的繞射圖案（圖四A）！這個繞射圖具有清楚且獨立的繞射點，顯示樣品為單晶且原子在材料中的結構具有秩序性；但是再進一步觀察，他發現繞射點的排列並沒有週期性的結構，但卻有從中心

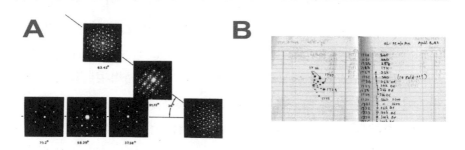

圖四　謝赫特曼在一個鋁錳合金樣品的電子繞射實驗中，得到了一個「奇異」的繞射圖。
（A）每張圖譜之間的角度關聯顯示樣品具有20面體的對稱性；（B）謝赫特曼的實驗紀
錄簿，記載1982年發現準晶相的研究紀錄。（圖片來源：A: Shechtman, *et al.*, 1984；B:
Lidin, 2011）

出發的環形圖樣，且相同強度的繞射點會形成一個十邊形的環狀結構。
「十轉軸對稱？？？」在謝赫特曼1982年的筆記本上注記著這樣的問題
（圖四B）。這個電子繞射實驗顯示——鋁錳合金的原子排列具有轉動36
度仍維持一樣結構的特性，這個繞射特性無法以傳統的結晶學解釋，因
為十轉軸對稱在傳統的晶體結構對稱是不存在的！謝赫特曼進一步發現，
經由旋轉樣品，可以找到另外具三轉軸與二轉軸對稱性的繞射圖，因此
確認了這個樣品具有20面體（icosahedral）的對稱性。在自然界具有相
同對稱性的物質包括富勒烯（碳60）與口蹄疫病毒。這樣的繞射點分布
方式讓科學家有些困惑，因為具有五或十轉軸對稱的繞射點無法適用於
傳統結晶學的對稱條件，因此無法從繞射點數據還原晶體中原子的排列
狀態。

　　當謝赫特曼的研究成果發表後，世界各地有許多學者對準晶相的生
成與性質產生很大的興趣，紛紛投入這個研究領域。1987年，第一個穩

名詞註解

布拉格定律（Bragg's Law）：$2d\sin\theta = n\lambda$

n＝繞射階數，d＝原子相鄰層距離，θ＝繞射角，λ＝X光波長。

兩道X光之光程差為波長之整數倍，為建設性之干涉，可觀測到一個繞射峰。

定的鋁銅鐵合金的準晶首先由日本學者蔡安邦（An-Pen Tsai，出生於臺灣）發現。他的研究成果使得科學家可用熔融態長晶的方式生成高品質的單晶晶體，能更進一步分析準晶的組成與結構。1999年，費雪（I. Fisher）等人使用熔融態長晶的方式生成出接近0.5公分直徑大小的準晶，這個準晶的組成接近$Zn_{56.8}Mg_{34.6}Ho_{8.7}$，結構為接近正五邊形的12面體（圖五）。

圖五　直徑約0.5公分大小的準晶。（圖片來源：Stanford University）

　　準晶相的形成與其組成原子中的電子結構有關，目前所發現的準晶相大部分是經由實驗所得，因此還無法完全掌握準晶相形成的機制與元素組成的條件。實驗結果顯示，準晶相具有特殊的元素組成，些微的變化就會形成具有高對稱性結構單元的類準晶相（quasicrystal approximant），例如在Ca-Au-In的系統，經由對元素組成的調控可以控制得到準晶或類準晶相。隨著世界各地的學者相繼投入研究，新的結果不斷發表，以及許多實驗數據的確認，更多人也觀察到同樣現象，準晶相才逐漸被接受為一種介於晶體與非晶體之間的一種狀態。

○ 準晶的結構

　　一般晶體的結構可以用結晶學的方法，先從X光單晶繞射實驗得到繞射點數據，再轉換成電子密度後，經由結構精算，可得到原子在空間中的排列，其精密度可以達到0.01Å（埃）。相對於晶體的週期性結構與非晶相的原子紊亂排列，準晶的結構同時有簡單（因為具有高對稱性），但又有異常複雜的特性（因為沒有週期性晶格）。其組成常包含數種不同元素，在空間中具有五或十轉軸的對稱性，這些特性讓準晶結構無法以傳統結晶學的方式得到原子的空間排列。目前並沒有一個準晶結構具有與一般晶體一樣的準確度。

　　在早期的藝術作品與回教寺廟便具有五轉軸對稱性的圖案（圖六A）。在準晶結構模型的研究中，數學家曾提出許多不同的準週期性（quasiperiodic）結構模型。其中一種模型是以不同的菱形組成的二、三維的「拼圖」（tiling）。1970年代，英國數學家彭羅斯（R. Penrose）證明使用兩種形狀的菱形，便可填滿二維平面且不留下縫隙。與使用正五邊形的結果不同，這樣的菱形拼圖並沒有週期性的秩序，不具有重複單元，

A

B

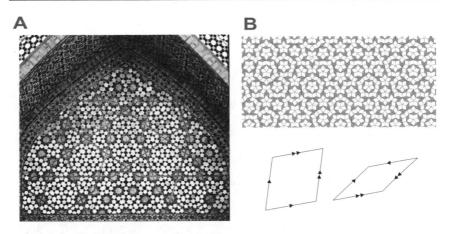

圖六 （A）回教寺廟的裝飾；（B）彭羅斯證明使用兩種形狀的菱形可以填滿二維平面且不留下縫隙，兩個菱形沒有週期性的排列，在一些小範圍處具有五轉軸的對稱性。每個邊具單和雙箭頭，在接上一個新的菱形時，箭頭必須指向同一方向。（圖片來源：http://islamic-arts.org；Lidin, 2011）

但可以擁有結晶學不允許的五轉軸對稱性，因此可以拼成具五轉與十轉軸對稱性的單元（圖六B）。另一個有趣的特性是在結構中兩種菱形的數量之比接近1.62，當平面延伸到無限大時，這個比例會趨近於一個很奇特的數字──黃金比例（2cos(36°)＝（1＋√5）/2）。

　　1982年，馬凱（A. Mackay）將原子置於彭羅斯拼圖中的菱形頂點，計算出具十轉軸對稱的繞射圖。1984年，具三度空間的彭羅斯拼圖也被列文（D. Levine）所提出。這個模型使用立體菱型（rhombohedra）單元，同樣包含兩種形狀，可填滿三維空間，具20面體對稱，且不同形狀的菱型比例也等於黃金比例。把原子放到菱形端點同樣可以模擬出與準晶相的合金接近的繞射圖。這樣的模型馬上被謝赫特曼注意，並提出以立體

菱型（rhombohedra）的彭羅斯拼圖的合金結構模型，並解釋鋁錳合金的繞射圖。

對於晶體，整個晶格的原子組成與總體原子比例是一致的，所以只要分析一個單位晶格的結構與組成就好。準晶無法以一個小區域的結構與原子安排來決定組成，因為準晶並沒有重複單元。雖然在立體彭羅斯拼圖中，把原子放在菱形端點似乎是一個描述準晶結構的方法，但大部分準晶相合金的組成至少包含兩種不同的元素，且具有一定的比例，如 AlMn 和 Al_6Mn，或更複雜成分如 Al_6Li_3Cu、$A_{178}Cr_{17}Ru_5$。若以彭羅斯拼圖模式（二、三維的菱形），沒辦法由原子排列得到完全正確的組成，因為目前已知的準晶相比例均為有理數組合，而在彭羅斯拼圖模式下的菱形比例為無理數（黃金比例）。如果原子在準晶相的結構是沒有規律地分布在格點上，為何最後組成是固定的？另外，原子的不同尺寸也會影響晶體結構，在彭羅斯拼圖的模型並沒有考慮到。其中一種解決方法是允許準晶有缺陷，這樣便可以解決原子比例固定的問題，因此任一菱形上的原子可容許部分填佔。

即使現在有許多方式證明準晶相的存在，原子在準晶結構中的排列還是一個尚未完全解開的謎，有待未來的研究者完成。2000年，第一個二元穩定準晶相被蔡安邦等學者發現並發表於 *Nature*，這個穩定的準晶相只包含兩個元素：鎘（Cd）與鐿（Yb），組成為 $YbCd_{5.7}$。當組成的鎘含量較高時會產生類準晶相：$YbCd_{5.8}$、$YbCd_6$，這個準晶相的重要性在於結構中僅包含兩種元素，打破過去認為準晶相結構需要至少三種以上元素的想法。由於準晶不具週期性，無法以傳統結晶學的方法將繞射數據轉換成原子的電子密度分布，蔡安邦使用一個由六個空間向量組成的數學模型，稱為高維結晶學（hyperspace crystallography）來描述準晶

發現的過程就是傳奇

謝赫特曼的研究在1982年完成，但是他的研究論文在投稿後卻被退回！因為當時的期刊主編與審稿學者均認為這樣的繞射數據違反了結晶學的基本定義，一直到1984年，他的研究論文才與卡恩（J. W. Cahn）聯名發表。謝赫特曼對當時被期刊編輯退稿的經驗耿耿於懷，筆者在美國念書時曾聽過謝赫特曼的演講，他把這一段經歷當做開場白，並將期刊編輯的退稿信放在投影機上，用幽默而帶有諷刺的口吻說起這一段故事！

在準晶發現的初期，有許多學者對準晶是否存在有不同看法，主要是因為謝赫特曼所研究的鋁錳合金樣品是在高溫熔融的狀態下，以極快速冷卻（約1000000 K/s）的方式得到，因此原子的排列可能會產生在不同方向堆疊成長而形成的晶體，這樣的結晶型式稱為雙晶（Twin crystal），其中以1954年諾貝爾化學獎得主鮑林（L. Pauling）的觀點為代表。鮑林認為晶體不可能有那麼高的對稱性排列，因此謝赫特曼的繞射數據應該是由數個具立方結構的單晶組成的雙晶結構所造成，在繞射點產生「接近五轉軸」的結果。當時有許多學者與鮑林有一樣的想法，對謝赫特曼有不友善的批評，還因此影響了他的研究工作。

根據文獻研究指出，準晶相的十轉軸電子繞射圖譜可能早已被許多研究者所觀察到。其中包括1979年比利時安特衛普（Antwerp）大學的研究生，他在許多合金材料的電子顯微鏡實驗觀察到準晶的繞射圖譜；中國與日本的學者也與謝赫特曼同時期發表類似結果的研究報告，但大部分的研究者未深入探究原因，因為這樣的結果並不符合結晶學對晶體繞射的嚴謹定義。相反地，謝赫特曼很嚴肅地對待他的研究成果，並且相信準晶確實存在。雖然他的研究結果被退稿，研究工作受到阻礙，但是他並沒有退縮，依舊認為他的想法是對的，主要是因為他相信他的電子繞射數據實驗是正確的。

在過去數十年間，謝赫特曼不間斷地嘗試說服全世界的科學家——準晶的繞射數據是屬於20面體對稱，而不是雙晶，正如李丹（S. Lidin）在2011年諾貝爾化學獎背景資料的說明：謝赫特曼的成就不僅是發現了準晶，還有在這些年一直孜孜不倦地讓世人瞭解其重要性。而他的堅持也為他贏得了諾貝爾獎的桂冠。

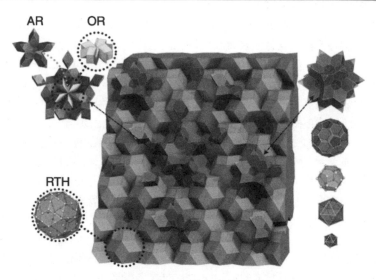

圖七 準晶 $YbCd_{5.7}$ 的一個準週期結構，包含三種結構單元：一、「菱形30面體」（rhombic triacontahedron, RTH）與內層的多面體。二、「尖菱形6面體」（acute rhombohedron, AR）。三、「鈍菱形6面體」（obtuse rhombohedron, OR）。其結構是由 RTH 組成，而 AR 與 OR 連結 RTH 單元，填佔在一些空隙中並維持五轉軸與20面體對稱性。

結構。因為結構的原子組成相對簡單，只有兩個元素選項，因此在結構解析的過程比其他準晶相容易。即便如此，這個新準晶相的完整結構模型在七年後才發表於 *Nature Materials*。

　　$YbCd_{5.7}$ 準晶相的結構（圖七）由具有相近組成的類準晶相 $YbCd_6$ 與 $YbCd_{5.8}$ 來建立。蔡安邦發現在結晶相結構中，最大構造單元「菱形30面體」（rhombic triacontahedron, RTH）的原子組成接近準晶相 $YbCd_{5.7}$ ！因此，這個結構單元會存在於準晶相結構，而這個準晶結構可視為一系

列 $YbCd_{5.7}$ 的30面體集合，在空隙中填入鎘原子。這個研究成果讓研究準晶相結構再往前邁進一個新方向。

　　準晶的發現改變了傳統結晶學對結晶材料原子排列方式的描述，也重新詮釋新材料的結構與性質。國際結晶體學會在1992年更新了晶體定義，先前對晶體的定義是「一個物質，其中組成的原子、分子或離子以整齊而且重複的方式堆疊成立體的型態」，現在新的定義則是「任何固體，基本上具有可區別的繞射點」，這個定義比較寬廣而且允許未來可能發現的其他種晶體。

準晶的用途

目前世界上研究準晶相的社群十分活躍，在法國、德國、美國、中國和日本都有，如今在許多包含鈷、鐵、鎳等金屬的鋁合金，都可以看到準晶相的存在。準晶的導電性比一般金屬差，磁性較強，在高溫下比晶體更有彈性，十分堅硬，抗變形能力也很強。

　　準晶相的合金具低導熱與高硬度的特性，可作為鍋具的表面塗層，在加熱食物時可以較均勻地分散熱源，而其他高導熱金屬（鋁或不鏽鋼）會因導熱太快使得食物過熱。若與鐵氟龍（聚四氟乙烯）的不沾鍋比較，準晶的高硬度使鍋具表面不易刮傷，因此可作為新一代不沾鍋的應用，法國一家廚具公司曾推出以準晶取代鐵氟龍的不沾鍋，但是準晶的塗層很容易被食鹽破壞，目前已經停產。準晶也可製成硬化鋼材。研究人員發現，某些鋼材在經過熱處理後能增強其硬度，主要原因是產生微小的準晶顆粒（沉澱）嵌入到鋼材的結構。這類含準晶的鋼材已應用在醫療手術刀，針灸針，牙醫用具以及電動剃鬍刀等。

參考資料：

1. Ball, P., *Designing the molecular world.* Princeton University Press, 1994.

2. Lidin, S ., The Discovery of Quasicrystals. *Scientific Background on the Nobel Prize in Chemistry,* (p1-p13,) 2011.

3. Lin, Q. and Corbett, J. D., Development of the Ca-Au-In Icosahedral Quasicrystal and Two Crystalline Approximants:?Practice via Pseudogap Electronic Tuning. *Journal of the American Chemical Society,* vol. 129: 6789-6797, 2007.

4. Tsai, A. P. , Inoue, A., and Masumoto, T., A stable quasicrystal in Al- Cu-Fe system. *Jpn. J. Appl. Phys.,* vol. 26: 1505-1507, 1987.

5. Pauling, L., Apparent icosahedral symmetry is due to directed multiple twinning of cubic crystals. *Nature,* vol. 317: 512-514, 1985.

6. Shechtman, D. *et al.,* Metallic Phase with Long-Range Orientational Order and No Translational Symmetry. *Physical Review Letters,* vol. 53: 1951-1953, 1984.

7. Fisher, I. R. *et al.,* Growth of large-grain R-Mg-Zn quasicrystals from the ternary melt (R = Y, Er, Ho, Dy and Tb). *Philosophical Magazine Part B,* vol. 77: 1601-1615, 1998.

8. Takakura, H. *et al.,* Atomic structure of the binary icosahedral Yb-Cd quasicrystal. *Nature Materials,* vol. 6: 58-63, 2007.

9. Tsai, A. P. *et al.,* Alloys: A stable binary quasicrystal. *Nature,* vol. 408: 537-538, 2000.

李積琛：交通大學應用化學系

現代藥物標靶——
G蛋白偶合受體之研究解析

文｜金克寧

萊夫科維茲和克比爾卡解開了「G蛋白偶合受體」的內部運作機制，
因而獲得2012年諾貝爾化學獎，
這些知識將有助於研發能準確以這些受體為標靶的更有效藥物。

羅伯特‧萊夫科維茲
Robert Lefkowitz
美國
杜克大學
（圖片來源：諾貝爾獎官方網站）

布萊恩‧克比爾卡
Brian Kobilka
美國
史丹佛大學
（史丹佛大學提供）

2012年的諾貝爾化學獎頒給了羅伯特・萊夫科維茲與布萊恩・克比爾卡兩位美國科學家，獎勵他們對「G蛋白偶合受體」（G protein-coupled receptors, GPCRs）研究的貢獻。這兩位科學家均為心臟科醫師，憑藉著本身的專業，他們很早就認知腎上腺素是心臟血管生理調控的關鍵荷爾蒙（亦稱激素）。然而，當時人類對於如何將腎上腺素訊息傳入細胞的機制尚未確定，藥物如何作用、細胞如何反應，也均未清楚，故他們選擇以現代分子生物學的方法，試圖釐清荷爾蒙影響心臟血管的細胞訊息機理。三十多年間斷斷續續，人們對GPCRs的認識有如穿越時光隧道，從完全不知道其生化特性，至今天解析「藥物─受體─G蛋白活化」的三元複合體晶體結構。如此進展，彷彿已能目視荷爾蒙訊息自細胞外一步一步經過GPCRs傳入細胞內，從僅僅活化G蛋白（G protein）及環單磷酸腺（cyclic adenosine monophosphate, cAMP），到今日展示GPCRs如何參與一系列訊息蛋白激的調控；使我們如同挖到一個標靶藥物研發金礦，將大大地提升日後生命健康品質。

萊夫科維茲可謂GPCRs訊息傳遞之父，而克比爾卡自從三十歲踏入萊夫科維茲實驗室起，便立志解析藥物─受體─G蛋白活化的三元複合體晶體結構。經由不斷回應各個挑戰，堅忍不拔地渡過事業低潮，三十多年來艱苦工作所累積的成果，有如萬丈高樓平地起，不但使我們日後的健康更有保障，其執著與熱誠，更值得當代科學研究者尊敬效法。

● GPCRs 所扮演的角色

GPCRs的作用，影響我們體內每一個細胞，從鼻子、眼睛、心臟、血管至腦中樞神經細胞，功能上從視覺、嗅覺、味覺，以及血壓、心跳至行為與心智活動，均有GPCRs的參與。雖然與GPCRs有關的藥物在

今日市場佔約40~50%，可說是與人類生活如影隨形、息息相關，但一般人對其所知卻相當有限，就如同乙型腎上腺素受體藥物——瘦肉精，就在我們社會爭論了好一陣子。

每一個細胞，內外均由雙層磷脂質所構成的細胞膜隔離。這層細胞膜的主要功能在於維持細胞內部生化環境的恆定，而將不必要或有害物質則被隔絕於細胞之外。不過，許多細胞的生化運作受到細胞外在環境調控，而胞膜表面的「受體」即擔當了細胞接受外界訊息的第一線角色。尤其細胞和細胞間的聯繫互動以及感覺外部環境，乃是基本生命現象，故細胞的訊息由外傳到內以及細胞內生化訊息的產生，時時刻刻都在進行當中。當上游發號司令，釋放訊息的細胞便分泌化學物質，將指令傳遞給收受訊息的下游細胞。位在下游細胞膜表面、能與這些化學物質結合的受體，即為細胞接受這些外來指令的第一線工作站。當受體與訊息分子結合後，即會引發特定系列的生化反應，由此改變細胞生理，達到訊息傳遞的目的。

1960~1980年代，科學家發現許多荷爾蒙、神經激素，會透過胞膜表面受體調控胞膜內G蛋白的活性，而在胞內產生第二訊息，催化下游一系列細胞生化反應，這些受體即為GPCRs（圖一）。因為發現G蛋白和提出GPCRs的概念，美國的吉爾曼（Alfred Gilman）和羅德貝爾（Martin Rodbell）獲得1994年諾貝爾生醫獎。

GPCRs是八百多種受體之統稱，位於細胞膜上，單一多胜鏈由七個穿越胞膜親酯性多胜 α 螺旋鏈組成，因此又稱為7TM受體（7 tansmembrane）。它們幾乎參與了每項生理功能。GPCRs為胞膜表面接受胞外訊息，將之催化為胞內生化訊息的主要受體。小自真核單細胞的互相傳遞訊息，大至高等生物心智活動的神經訊息傳遞，GPCRs均處於

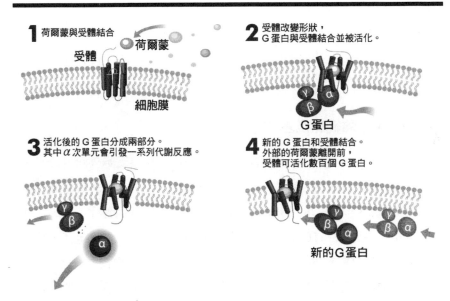

圖一　荷爾蒙透過胞膜表面受體，調控胞膜內G蛋白活性，接著開啟一系列反應，引起細胞代謝改變。（圖片來源：諾貝爾獎官方網站）

前線位置。在哺乳類中，GPCRs遍布於體內不同細胞組織中，讓身體回應各種荷爾蒙及外在環境等各式化學訊息。不但使細胞感覺外在的環境，更使得各個不同的細胞能互相溝通、組成細胞團隊，完成個體的特定生理功能。

　　分布在感覺細胞如眼、鼻、舌的GPCRs，能讓我們感覺光、氣味及味道；分布於心臟血管者則負責調控血壓、心跳及血流；分布在腦神經細胞的GPCRs執行我們思想及心智的運作。GPCRs可偵測的化學與物理訊息，包括費洛蒙、荷爾蒙、胜肽、大型蛋白質、氣味、神經傳導物質，以及電磁波等其他訊息分子等。這些物理化學訊息會與GPCRs緊密結

合，然後活化細胞內的G蛋白，進而誘發影響知覺、行為、心跳、血壓和血糖等基礎功能。如果這些訊息傳導途徑出現功能異常，則會導致各種生理及心理疾病，包括糖尿病、心血管病變、憂鬱症、視覺障礙、氣喘及部分特定癌症。目前市面上的藥物，約有四成是針對它而設計。

● GPCRs 分離純化及基因選殖

雖然人類在1960年代，發現胞膜表面普遍存在接受胞外訊息分子，調控細胞內G蛋白活性的受體，並且瞭解GPCRs主宰胞外訊息傳遞至胞內的關鍵步驟，但GPCRs的分子結構、此受體如何識別各種不同的訊息分子、如何調控下游的G蛋白……等問題相繼產生。在1970年代，欲瞭解受體的分子結構及功能，最簡單的方法是將受體自細胞膜上純化分離。然而，若以生物化學的方法純化分離受體分子，至少有兩項技術瓶頸必須克服。

首先，必須有精準的受體分子定量檢測技術。其次，得將受體分子自原本的細胞膜中溶解出來，進一步利用合成的磷脂雙層膜取代原本的細胞膜，而這兩種純化分離受體分子的技術在那時均尚未建立。當年二十五歲的萊夫科維茲是位年輕的心臟科醫師，雖然已知對心臟血管而言，腎上腺素是種強效荷爾蒙，而在心血管細胞表面也必定存有一種荷爾蒙接受器，以致當荷爾蒙和該接受器結合後能引起心跳加快、血壓上升，然而在當時卻沒有人告訴他這個接受器之分子構造，以及它如何將荷爾蒙的結合轉化為細胞的生理反應。於是，萊夫科維茲於上世紀60年代末期，開始在杜克大學醫學院實驗室中，從事對G蛋白具有調控型腎上腺素受體定量與細胞訊息傳遞的生化研究。

首先，他發展出利用碘125同位素標示的「乙型腎上腺素配體」和受

體做競爭結合的方法，精準地定量受體在胞膜表面的濃度，以及配體和受體的親合力。他運用此法，發現許多乙型腎上腺素藥物的藥效和其對受體親合力成正比──親合力越高藥效越強。更進一步，他的研究團隊利用此一受體活性技術及特定的界面活性劑，在受體純化過程中追蹤受體對同位素標示配體的結合活性，成功自細胞膜上經過百萬倍的分離純化，得到高純度的乙型腎上腺素受體蛋白分子。

這樣的純化過程確實非常艱辛。畢竟從數十克的細胞膜中，僅能純化出幾十毫克的受體蛋白。萊夫科維茲及其團隊花了十年苦工，建立用於受體純化的親合性色層分析。在研究受體的純化過程中，他奠定了自動物細胞膜表面純化GPCRs的準則，透過同位素標示的配體及特定的界面活性劑，給予日後從事GPCRs研究工作者既定的方法。

有了高純度的受體蛋白，他們可進行受體胺基酸排列序的鑑定。根據部分純化受體的胺基酸序列，萊夫科維茲團隊設計出受體cDNA（Complementary DNA，互補DNA）片段，運用此cDNA片段，他們自受體基因庫中取得腎上腺素受體的cDNA。根據此一cDNA核酸序列轉譯，得到受體胺基酸序列。

此單胜肽鏈穿過細胞膜七次。穿越膜的部分，為七個親脂性序列，在胞內及胞外各有三個由極性胺基酸序列組成的區塊（圖二）。

他們發現所得到的腎上腺素受體，與人體中的另一個受體的胺基酸序列非常相似。這個受體便是人類視網膜上的視紫質（rhodopsin）光受體。因此，他們意識到，必定存在著看起來相似且功能模式相同的受體家族。

大約此時，年僅三十歲的年輕心臟科醫師克比爾卡初加入了萊夫科維茲團隊。雖然沒有經過正式的分子生物學相關訓練，但他對GPCRs

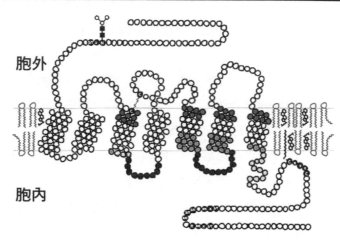

圖二　G蛋白偶合受體之結構示意圖。

結構功能的解析卻有強烈的企圖心。過去他曾會同杜克大學生化所的研究人員，在李察遜（Jean Richarson）的結構實驗室模擬GPCRs的結構功能關係。由於當時發現，腎上腺素受體的基因沒有基因內區插入子（intron）可直接自體基因庫中取得不同GPCRs的cDNA，有鑒於此，克比爾卡建立了不同種動物的體基因庫，將整個腎上腺素受體家族轉殖出來。

雖然，腎上腺素受體在體內均被腎上腺素或副腎上腺素活化，但其不同型受體，卻分別活化不同的G蛋白。甲型腎上腺素受體通常活化Gi（抑制性G蛋白），使得細胞內cAMP的量降低；而乙型腎上腺素受體則活化Gs（刺激性G蛋白），使胞內的cAMP量增加。

除了腎上腺素，尚有許多甲型及乙型腎上腺素受體專一性的合成藥物，可用於區分不同的腎上腺素受體。克比爾卡手頭上有各型的腎上腺

素受體cDNA加上各型專一性的受體藥物，他用基因交換工程方法做成不同組合的甲型乙型雜混受體，測試比較這批雜混受體的藥物專一性以及其對胞內G蛋活化的專一性。這一系列的實驗結果顯示，受體在胞膜表面外側的穿膜螺旋鏈（TM）與藥物結合有關，胞膜內側第五穿膜螺旋鏈（TM5）及第六穿膜螺旋鏈（TM6）之間的圈塊則會與G蛋白作用。

儘管當時人們對藥物─受體─G蛋白如何產生細胞內第二訊息已有初步共識，但若要更進一步瞭解：藥物如何區別受體？如何和受體結合？受體和藥物結合後構形是否改變及如何改變？受體如何將結合的資訊由胞膜表面傳給胞膜內的G蛋白……等接下來的問題，則需要觀察藥物受體及G蛋白的三元複合物結晶構造來回答。有關受體結晶方面研究，團隊原先希望能與耶魯大學的結晶學家保羅・席格勒（Paul Sigler）合作，但席格勒突然過世的消息，使得這兩位心臟科醫師出身的科學家，不得不親自進行受體結晶的研究。尤其是克比爾卡，他對GPCRs結構和活化有著無以取代的熱愛。

◉ 目睹細胞膜訊息傳遞

觀察結晶構造所使用的是稱為「X射線結晶學」（X-ray crystallography）的技術。當X射線照射蛋白質晶體，便會產生繞射（diffraction）效應，從繞射的圖譜便能推知蛋白質分子的形態。

雖然，克比爾卡並未受過科班結晶學相關技術的訓練，但他有能力挑出當代各個領域的頂尖高手，加以組合並一一突破前所未有的挑戰──如何大量表達並純化受體蛋白、如何修飾受體蛋白使其更穩定、如何捆綁已形成複合體的G蛋白之次級結構及受體，以及如何穩定結構不安定的G蛋白分子等科技瓶頸。

　　自克比爾卡離開萊夫科維茲的團隊，獨力從事G蛋白受體晶體結構解析，前後一共花費了十五年的時間，才得到第一個腎上腺素受體的結晶。他非常專注於結晶的取得，幾乎將自己全部的資源投資在腎上腺素受體結晶的研究上。有一陣子他失去了大部分研究資助，導致實驗室幾乎關閉。

　　要形成穩定的藥物—受體—G蛋白三元複合體，用以觀察藥物訊息如何透過受體而活化G蛋白的分子機制，克比爾卡也遇到許多瓶頸。腎上腺素受體本身胞外N端（蛋白質鏈的起始端）的極性不夠，不易形成規則的晶體；G蛋白在GTP（三磷酸鳥苷）或GDP（二磷酸鳥）結合時容易與受體脫離；當G蛋白本身內部GTP水解區塊與另一螺旋區塊形成GTP結合中心，當沒有GTP結合時，此二個區域相對位置時常互相位移，不易形成穩定的三元複合體。

　　為解決受體胞膜外部極性不高、不易形成結晶的問題，克比爾卡用一段T4 lysozyme的胜肽鏈和受體N端接在一起，以增加其極性。以焦磷酸取代GTP或GDP進入G蛋白的GTP結合中心，藉以穩固G蛋白，如此GTP水解區塊和螺旋鏈區塊便不會相對互移，而使G蛋白穩固。為了使G蛋白次級結構間的結合及和受體的結合緊密，他們用奈米抗體捆綁三元複合體，使G蛋白次級結構和受體不易脫落。最後，他們用油酸單甘油脂取代常用的界面活性劑，以容納三元複合體經過修飾後所增大的疏水性區塊。這些技術上的改善，使得三元複合體之晶體更完整，易於從事X-射線繞射解析。不但使克比爾卡得到藥物如何透過受體活化胞內G蛋白的分子圖像，更建立取得三元複合體晶體及解析的通則（圖三）。

　　當比較在活化三元複合體中的受體結構和單純非活化的受體結構時，很明顯地，受體細胞膜內側TM5螺旋鏈鬆張了兩個螺旋圈，而TM6螺旋

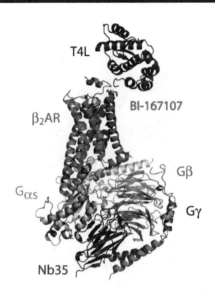

圖三　激活藥物–乙型腎上腺素受體–異三元G蛋白體三元複合體。（T4L：T4溶解酶。
BI-167107：激活藥物。β2AR：乙型腎上腺素受體。Gαs：G蛋白 α 亞單位。Gβ：G
蛋白 β 亞單位。Gγ：G蛋白 γ 亞單位。Nb35：奈米抗體35）

鏈則向外位移了14埃。而這些受體結構改變，使得受體和G蛋白作用更
密切，降低G蛋白對GDP的結合力、增加其對GTP的親合力，因而活化
G蛋白（圖四）。

● G蛋白及抑制蛋白雙軌訊息傳遞——GPCRs的多元結構

　　其實藥物和受體結合後所引起細胞內側的生化反應，尚不僅限於由
G蛋白所主導，所產生變化的也不僅限於第二訊息。更進一步的訊息反
應，由透過「抑制蛋白」（arrestin）而活化的另一系列細胞訊息傳遞（圖

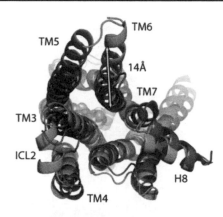

圖四　活化及非活化乙型腎上腺素受體結構比較——自胞膜內向胞膜外的剖視。深色帶狀物為非活化，淺色帶狀物為活化的乙型腎上腺素受體結構。當受體受到激活藥物活化後，細胞膜內側第五穿膜螺旋鏈鬆張了兩個螺旋圈，而第六個穿膜螺旋鏈則向外位移了14埃。（TM：穿膜螺旋鏈；ICL2：受體第二胞內環狀區域。）

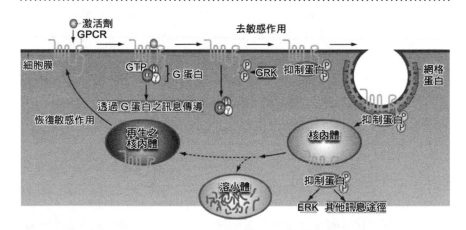

圖五　G蛋白偶合受體可透過G蛋白，或透過抑制蛋白傳遞不同的細胞訊息。（GRK：G蛋白偶合受體磷酸激酶。ERK：細胞外訊息調節活化激酶）（圖片來源：RCS）

五）。

　　萊夫科維茲團隊早於1980年代就發現，當受體被藥物持續刺激後，會導致受體對藥物的敏感度大大降低，因而喪失激活G蛋白的能力，這個現象稱為「去敏感作用」。受體和激活藥物結合後所誘發的結構變化，不但會活化G蛋白，同時也會活化抑制蛋白。受體和抑制蛋白結合後，不但會阻礙受體繼續活化G蛋白（產生去敏感作用），同時也會透過抑制蛋白誘發新細胞訊息的產生。尤其是當抑制蛋白和受體結合成複合體時，「網格蛋白」促發此複合體自胞膜表面內吞至胞內形成「核內體」，此核內體被證實能活化包括細胞外訊息調節活化激（ERK）、磷脂酶肌醇3激等細胞訊息酵素，這些均是由於抑制蛋白活化而產生的細胞內生化反應。

　　GPCRs活化時至少會誘發細胞內兩條不同訊息途徑：（一）G蛋白活化所引起的是胞內第二訊息變化；（二）活化抑制蛋白，則是引發去敏感作用、內吞現象及活化下游不同磷酸激酶等。這些由抑制蛋白主導的訊息，與G蛋白所主導的生化反應非常不同。接下來的有趣問題是，G蛋白和抑制蛋白的活化，是否均由同一構形或不同構形的藥物—受體複合體所誘發？「偏好藥物」的發現，使我們能更進一步瞭解當受體和不同的藥物結合時，很可能形成不同構形的藥物—受體複合體。

　　當研究血管收縮素受體及其活化藥物時，萊夫科維茲團隊發現，某些藥物和受體結合後，會選擇性地活化由G蛋白或由抑制蛋白主導的細胞訊息。這種對下游訊息傳遞具選擇性的藥物，稱為偏好藥物。從一系列以偏好藥物、突變受體，以及突變抑制蛋白研究偏好訊息傳遞的結果得知，不同受體激活藥物的確能誘發受體產生不同的構形組合。正常激活劑引發受體的構形變化，包括能夠活化G蛋白的受體構形，以及稍後能夠活化抑制蛋白，使其能產生去敏感作用及活化下游的蛋白激。然而

偏好藥物則僅能活化 G 蛋白，或只活化抑制蛋白。而血管收縮素偏好藥物的研究顯示，其偏好藥物僅能活化抑制蛋白卻不能活化 G 蛋白。

正常藥物經由受體而引發的抑制蛋白構形變化，與偏好藥物所引發的變化並不同。因為藥物不會直接和抑制蛋白作用，故不同藥物所促成的受體構形，將誘發抑制蛋白產生不同的結構變化。在這個例子中，偏好藥物引發的受體構形不但不能活化 G 蛋白，並且其引發抑制蛋白的構形也是異於正常藥物所引發的。這個現象明確顯示：受體的構形，在決定細胞訊息傳遞中扮演著非常關鍵的角色；更重要的是，受體的構形是動態而變化多端的，而藥物的功能即在於能鎖定受體於某些特定構形。

抑制蛋白和結構變化的受體結合後，不但阻隔了受體和 G 蛋白的作用，更引發其所主導的另一條訊息傳遞途徑。被抑制蛋白結合的受體，經由網格蛋白而產生內吞反應，會在胞內形成核內體。至少有兩種以上的生化反應可能發生：（一）受體上的磷酸經由去磷酸酵素作用而被水解離開，使得受體再度恢復敏感性；（二）在核內體的磷酸化受體及抑制蛋白，有能力活化細胞訊息調控激酵素或者其他的訊息傳遞途徑。

由於 GPCRs 普遍存在於各個組織，包括中樞神經細胞，對神經反應而言，活化及去活化均要快速。持續的 GPCRs 活化，將會造成組織喪失對神經激素或荷爾蒙的反應。由抑制蛋白主導的另一系列反應，則會降低或中止藥物對 G 蛋白的持續刺激。GPCRs 所誘發的細胞訊息選擇性，在醫藥治療上必須要加以重視。

在此以嗎啡治療痛疼為例：當「鴉片受體」被活化時，G 蛋白及抑制蛋白兩條訊息傳遞途徑均會被活化；除止痛外，伴隨而來的是呼吸下降、腸胃蠕動變慢、藥物去敏感以及上癮等副作用。尤其呼吸抑制是造成嗎啡過量致死的主因。但若以抑制蛋白基因剔除的小鼠做嗎啡的止痛研究，

就會發現過量的嗎啡並未使抑制蛋白基因剔除的個體產生致命副作用，這說明嗎啡可怕的副作用是由抑制蛋白所主導，而G蛋白活化途徑則負責嗎啡的止痛功能。若能研發對G蛋活化具偏好性的嗎啡藥物，使其僅能活化G蛋白但不活化抑制蛋白，則可迴避嗎啡的致命副作用，但仍保有其止痛功能。因此，藉著瞭解受體結構和作用的方式，將有助於研製更有效且較無副作用的藥物。

　　由於GPCRs對我們生理的影響無所不在，是今日新藥研發的主要標

圖六　萊夫科維茲畢業於紐約哥倫比亞大學醫學院，現為杜克大學教授。萊夫科維茲所主導的研究，逐漸解開G蛋白偶合受體作用方式的祕密，美國臨床醫學會對其努力不懈、樂於與人分享成果的態度讚譽有加。（杜克大學提供）

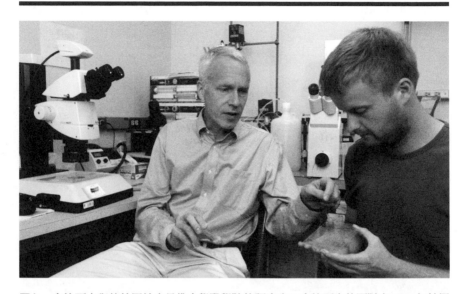

圖七　克比爾卡與他隸屬於史丹佛大學醫學院的研究室。克比爾卡的團隊在2011年拍攝到藥物透過受體活化胞內G蛋白的分子圖像，被瑞典皇家科學院譽為「分子學的傑作」。（史丹佛大學提供）

靶，許多新藥研發機構已運用當前所掌握的分子晶體資訊，從事電腦模擬藥物的篩選及修飾。既知藥物分子結構決定受體構形的變化，以及其選擇性地對下游一系列訊息蛋白的調控，這些知識讓我們能研發出更細緻、作用更專一的下一代新藥物。飲水思源，兩位大師多年來所付出的種種努力，以及其成就對人類日後生命健康的貢獻，想必代價可遠超過一百二十萬美元的諾貝爾獎金。

金克寧：中央研究院基因體中心

化學家的駭客任務——
虛擬實境的化學實驗
與研究創新之理論實踐

文｜楊小青

2013年諾貝爾化學桂冠，對發展複雜化學系統多尺度的電腦演算給予肯定。
本文將介紹其發展史及運用多尺度電腦模擬綠能催化材料／生命體，
而開啟的理論實踐之門。

馬丁・卡普拉斯
Martin Karplus
奧地利、美國
哈佛大學

麥可・萊維特
Michael Levitt
美國、英國、以色列
史丹佛大學

艾瑞・瓦歇爾
Arieh Warshel
美國、以色列
南加州大學
© The Nobel Foundation Photo:
Alexander Mahmoud

瑞典皇家科學院將2013年諾貝爾化學桂冠授予了三位學者，他們分別是：美國哈佛大學和法國史特拉斯堡大學（Université de Strasbourg）的馬丁‧卡普拉斯教授、美國史丹佛醫學院的麥可‧萊維特教授，以及美國南加州大學的艾瑞‧瓦歇爾教授。三位教授因發展電腦模型演算法理解和預測複雜化學過程的方法，使化學家們得以檢視用肉眼無法看到的複雜化學過程，寫下理論化學史上重要的一頁——終結了古典與量子的百年恩怨情仇，從涇渭分明到化敵為友，也得以實現化學家的駭客任務——

圖一　當代化學家可在電腦中做實驗，就如同他們在試管中作實驗一樣。從電腦模擬探測原子世界如何運轉的線索，可驗證於真實的實驗；理論與實驗相互驗證支援，形成一種最有效率的綠色化學模式，達成解決化學問題並加速綠色能源與生醫藥學開發。（作者提供）

虛擬實境的化學實驗，加速再生綠能光合作用及藥物的開發。他山之石，可以攻玉。筆者將以自身專業領域知識介紹其發展史以及如何運用多尺度電腦模擬在分子、原子、次原子的層次模擬生命體並開啟另一扇門──實驗與理論的互補實踐。

● 化學家的駭客任務──虛擬實境的化學實驗

人類文明的發展離不開知識與技術進步，重大知識技術革命使科學文明發展呈現出階段性的特徵。秦始皇長生不老藥煉丹術抑或西洋賢者之石（Philosopher's stone）鍊金術，是亙古化學迷人亦難以捉摸之處，近代科學得以理解化學反應以閃電般的速度發生，但科學家難以窺探其中涉及的電子、原子核之間的移轉。如今以發展多尺度理論與電腦模擬演算程序，揭露複雜化學系統反應的神祕方程，憑藉虛擬實境，得以一窺化學反應發生的每一小小步。

發展電腦化學模擬奠定的基礎，讓科學家能夠模擬運算化學系統的詳細動態結構、運動路徑與反應過程，進而理解複雜生物系統的化學過程，這些過程舉凡如綠色植物的光合作用以及藥物的開發，並成為可以優化催化劑、藥物和太陽能電池的基石。

利用這種電腦演算程序與模型，我們可以計算各種可能的系統結構與涉及的反應路徑，這種研究調查方式被稱為模擬（simulation or modeling）。透過這種方式，可以讓化學家對所觀測的原子在化學反應的不同階段所扮演的角色更有概念與想法，達到「見所未見」（To See the Unseen），甚至得以建立理論模型並執行真實的實驗來驗證模型的正確性，而這些實證實驗反過來提供了新線索，預備更好的電腦模擬條件與結果，讓理論與實踐達到相輔相成的效果。所以現代化學家們花在電腦

前面的時間,與花在試管之間的時間幾乎相當!

自1960年代以來,電腦開始應用於化學領域,用於計算各類分子性質,範圍從一個分子的穩定性,到對其反應性的探討等。然而,其實有相當長的一段時間,電腦化學計算僅能處理簡單小分子體系,直到90年代以後,電腦計算能力和演算法逐步趕上理論發展,大型的計算應用始可運用於蛋白質、藥物設計及材料上。這樣的轉變主要來自於卡普拉斯、萊維特和瓦歇爾的貢獻。三位學者專注於開發並應用相關理論技術,從量子力學計算結合古典物理和半經驗法,並基於實證資料,類比大量不同分子性質。此外,他們還促使相關計算軟體於群眾運用的普及化。1998年,量子力學密度泛函理論和第一原理理論獲頒諾貝爾獎,此獎榮譽將計算化學帶至更廣的領域應用。而另一方面,古典分子動力學(Molecular Dynamics, MD)模擬技術開發,試圖類比像生命複雜實體蛋白質的吸引力和排斥力,以及帶電的原子和分子間的靜電計算和真實運動,相關工作從不間斷地默默耕耘著。

卡普拉斯就像這領域的教父,早期師從萊納斯·鮑林(Linus Carl Pauling),化學系本科生從教科書上往往知悉其名,所謂卡普拉斯方程即涉及核磁共振分子性質。而瓦歇爾和萊維特在結合量子力學與古典分子(動)力學間,尤其在兩者的邊界處理上作出了主要貢獻,並進而實現於藥物與蛋白作用,有機小分子的行為。然而,正如許多諾貝爾光環背後,總是不可避免地會有該領域其他孜孜不倦的研究學者不斷地默默耕耘,並作出極大貢獻,共同促使這個領域發展成為顯學。其中包括幾位大師級的學者,例如唐納·祖拉(Donald G. Truhlar)、諾曼·艾林格(Norman Allinger)、安德魯·麥卡蒙(Andrew McCammon)、米歇爾·柏里納諾(Michele Parrinello)等等。

不論計算材料抑或蛋白質複雜體系,其中最重要的關鍵在於系統中非鍵結作用力描述的演算法與模型的發展。其中,明尼蘇達大學化學家祖拉教授,長期致力於開發多種重要反應動力及精準量子化學計算方法、發展適用主族與過渡金屬化學的明尼蘇達泛函,並探討其中長程非鍵結交互作用力(圖二),相關研究貢獻深遠。艾林格教授更是分子力場(Molecular Mechanics, MM force field)開發的第一人。古典分子力學要能成功應用各種不同複雜體系,端賴一個成功力場的開發,要能描述分子鍵結振動、擺動、扭轉及非鍵結中長程作用力如凡得瓦力(倫敦力)電荷靜庫作用與氫鍵作用力等(見圖二示意不同分子內與分子間作用力)。而這些作用的模型參數,需要從實驗或從量子力學計算得到支撐。一個可供廣泛使用的力場開發須經長時間數年仔細量校準,才能應用於

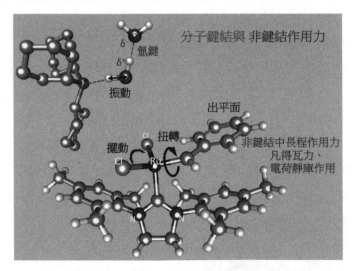

圖二　分子鍵結與非鍵結交互作用力示意圖。(作者提供)

各種分子系統，實屬不易。

◉ 古典與量子的恩怨情仇——涇渭分明到化敵為友

　　卡普拉斯、瓦歇爾和萊維特，於1970年初步結合古典與量子力學，應用於分子系統計算的工作上。也因為這樣原創的工作與後續不斷的耕耘努力，此類演算法發展完善，不僅實際解決了相關複雜化學系統問題，日後也讓非專科化學家可以使用。筆者以自身專業工作領域為例，利用古典分子力學處理蛋白水溶液體系所涉及的複雜分子結構及動態行為，進而掌握關鍵核心結構演變，然後使用類比技術以量子力學技術描述系統分子的核心部分；這樣的處理方式極有效率，並可節省大量的計算時間（圖六）。

　　相較於純粹量子力學的計算，複雜系統將花費非常昂貴的計算資源與時間，要能順利計算其結構動態反應幾乎是不可能的任務。這些相關工作所涉及的程序與理論，對我們這些做複雜生物與材料系統計算的人而言，是根深蒂固的語言和計算化學工具。簡單來說，2013年的諾貝爾化學獎得主，三位化學家的貢獻（或說這領域的重要性），替這兩個原本分屬不同並相互對抗的世界——古典物理與量子力學，打開了一扇大門，並帶來了暢旺的溝通與合作。

　　古典物理學，乃至其他科學，全奠基於牛頓1687年在《自然哲學的數學原理》（*Principia Mathematica*）一書中提出的運動與引力定律。19世紀末與20世紀初，經典物理學（牛頓力學、熱力學、統計物理學及電動力學）一方面被認為發展到了相當完善的地步，這可從英國物理學家威廉·湯姆森／開爾文男爵（Kelvin, Lord William Thomson；熱力學溫標發明者，被稱為熱力學之父）於1900年回顧物理學的發展提出的一席

話中看出：「在已建立的科學大廈中，後輩的科學家只能些零碎的修補工作了。」

　　然而，隨著生產技術提升，科學實驗的精密程度隨之提高，於是科學家開始把目光投向物質的核心，古典物理定律的觀點即在20世紀初曉受到了衝擊。在許多科學實驗的現象中，科學家遇到不少嚴重的困難，這些問題挑戰著古典物理學。如冶金高溫測量技術，便推動了對熱輻射（黑體輻射）問題的研究。由於電氣工業的發展，稀薄氣體的放電現象開始引起人們的注意。物理學家赫茲博士（Heinrich Hertz）在1888年發表

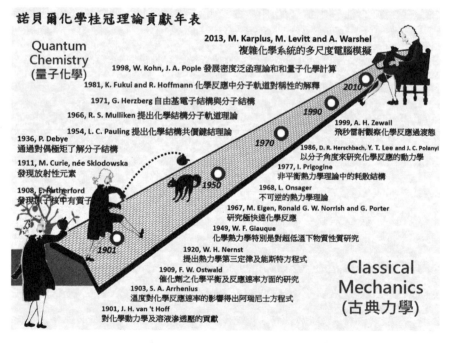

圖三　諾貝爾化學年表列舉古典力學與量子化學理論發展。（作者提供）

了光電效應，但當時對於其機制還不太清楚，直到湯姆森（Joseph John Thomson）1896年透過氣體放電現象及陰極射線研究發現了電子，人類才得以知曉光電效應是由於紫外線照射，大量電子從金屬表面逸出的現象，但仍為定量定性機理爭辯不已。原子的線狀光譜及其規律、原子發出的光譜線，並非連續分布而是呈現分立的線狀光譜；量子理論就是在觀察這些現象問題和科學實驗中發現古典物理學中的矛盾，而逐步建立起來的（圖三）。

原本古典物理與量子化學是兩個本質上不同而且在某些方面相互衝突的世界，但是2013年的諾貝爾化學獎得主們，替這兩個世界打開了一扇大門，在他們的模型裡，古典物理與量子力學間的關係，就如同牛頓與薛丁格貓的融洽關係。

○ 取經自然——綠色能源與生醫系統的研究

每當科技遇到無法突破的難關時，科學家就會轉向大自然取經；自然界中的水，即是科學發展的天然要角。水乃維持生命和未來綠色能源不可或缺的要素，然而直至現今，我們對水結構行為機制的瞭解卻仍是一知半解，尤其是水在疏水性／親水性介面的行為表現，以及生物活體系統內部的微水合結構所扮演的生化功能。這牽涉到生命現象，包含了複雜的質子和電子轉移過程，其中質子轉移耦合能量梯度的流向，以及電子轉移則牽涉氧化還原反應，為生物體代謝反應中兩個最重要的步驟。

科學家幾十年來努力而密集地研究水的特性，以及其於生化反應中扮演的角色，其中後者首重於探測蛋白質內水的微結構以及所衍生的功能變化。特別是在植物光合作用系統II光合水氧化的部位，如圖四所示，包含二十個亞基組成，總分子量為350 kDa（千道耳吞）。高解析度結晶

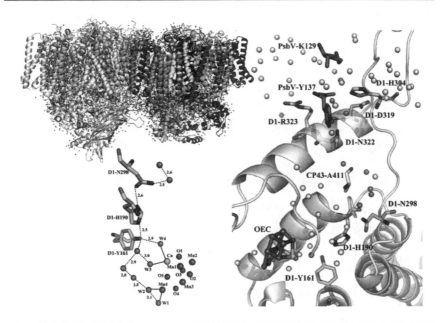

圖四　光合作用系統 II（Photosystem II）結構圖，原子位置擷取自蛋白質資料庫（PDB ID: 3ARC）。（作者提供）

結構提供蛋白質亞基和輔因子的配置及水裂解的催化中心的詳細結構。我們發現催化中心 Mn_4CaO_5 團簇，其中五個金屬原子擔任氧橋的連接，五個氧原子和四個水分子作用，其他可作為雙氧形成基板。每個光系統 II 周圍有一千三百多個單體水分子。

　　這樣一個結構的描述，來自蛋白質的三維結構圖像。而這樣的結構圖像產出，需要高度基因／蛋白純化工程技術、養晶，以及高解析度 X 光繞射技術的配合。此類結構原子位置均可從網路資料庫取得，揭露了巨大的蛋白質分子裡數以萬計原子相互坐落的位置，但卻無法說出這些

原子與離子、甚至水是如何運作，因為這些都是靜態結構。同時，它亦無法說明這光合作用中心經太陽光照後，如何被激發使水發生裂解、四個電子從二個水分子中取出、另有4個質子發生移轉……這到底如何發生的呢？

在此以圖五說明，概略呈現在實驗測量與理論模型中所關注的系統尺寸與時間尺度。而光合作用系統所涉及的結構與過程，用傳統化學方法是無法弄清楚的，這是因為其中涉及發生在一個毫秒（10^{-3}秒）之內時

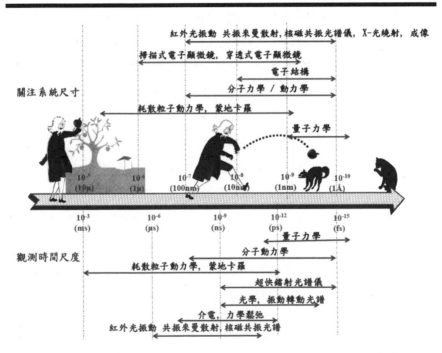

圖五　針對不同研究現象與系統所關注的系統尺寸與時間尺度，適當選取相關實驗測量技術與理論模型演算法。

間解析的結構動態轉變過程與化學反應——這種速度排除了用試管實驗來研究的可能。為了瞭解這個化學反應,你需要知道光激能量的分子結構與其鬆弛路徑為何。

　　過去,當科學家要在電腦上模擬分子時,他們擁有的處理方式或程式不是基於古典牛頓物理,就是基於量子物理,二者各有其長處與短處。古典力學程式如「分子動力模擬」可以計算和處理大型複雜化學分子與結構動態,或者不同時間尺度下所發生的交互作用力與結構轉變,然而卻不能使用這類分子力學程式來處理化學反應。

　　那麼這次諾貝爾化學獎得主們發展的電腦程式,或說這個領域之所以成為顯學,到底有何過人之處呢?這就好比將兩個世界最好的整合起來——當科學家們要模擬化學反應時,他們需要轉而求助量子化學;其粒子波動二元理論(dualistic theory)將電子視為同時具有粒子與波動的雙重性質。量子物理的強項在於可計算電子行為與能量激發結構,但其缺點為計算需要耗費龐大的電腦資源,因為電腦需要處理分子中的每一個電子及原子核。這就好像一張數位圖像的像素數目,像素越多解析度越佳,但需要較多的電腦空間。同樣地,透過量子物理的計算,雖然可以描繪化學反應中的詳細過程,相對也需要強大的電腦。在1970年代的過往,這意味著科學家只能對小分子進行計算。在模擬時,他們被迫忽略分子與周遭環境的作用,雖然真實世界中的化學反應大都在水溶液中進行,但假若科學家們計算時,要電腦將真實水溶液也一併考慮的話,他們至少需要等待個幾十年才能得到結果。

● 攜手合作就天下無敵嗎?——電腦硬體發展與技術支援

　　與電腦模擬能力直接相關者,便是電腦的實際計算能力。自電晶體

進步到積體電路後，近代電腦雛形初步底定，而計算能力則正比於處理器上的電晶體數量。大致上，電晶體數會以兩年為單位呈倍數增加（摩爾定律——時間單位會有所調整），計算力亦會等變呈線性增長。然而，隨著單一計算核心運算時脈的增加，伴隨所產生的熱量處理起來也越來越困難，故近年電腦的發展已轉為分散式架構，衡量計算能力的指標也轉為「每秒浮點運算次數」（簡稱FLOPs；核心數X時脈X單位浮點運算力）；一個單核2.5 GHz的處理器約為10 GFLOPs（gigaFLOPS，等於每秒10億次的浮點運算）。分散式架構上的模擬計算能力牽涉的因素變得較複雜，軟體上主要是程式本身對分散（平行化）的適用程度，硬體上則會受限在記憶體及匯流排速度（因大量資料要在各分散處理器間交換）。

簡單來看，計算類型若是適合平行分散（如史丹佛大學的Folding@home計畫均為小段胜肽摺疊），則可充分利用目前電腦發展趨勢；而單一長時間動態模擬類型的工作，跨過多的節點（單機）其計算效益並不會等量提升，而無法充分利用計算資源。如何將多尺度演算法與硬體電腦網路設備做最好的結合，這方面技術的提升與進展，有賴我們國家級實驗室國網中心緊密地與研究人才配合，目前國網中心也正朝此方向邁進。

◉ 開啟另一扇門——台灣研究環境與理論之實踐

「他山之石，可以為錯；他山之石，可以攻玉」。運用多尺度電腦模擬在分子、原子、次原子的層次，模擬從生命體到材料工業上的化學反應，似乎是極為有力的綠色工具。所有模擬觀測的細部資料，例如複雜系統中的原子位置結構動態，能自多種不同面向來顯現「見所未見」，協助化學家掌握肉眼無法看見的分子、原子甚至次原子的行為。

近年來,台灣在此領域的研究亦迭有突破性的發展。2013年11月1日,著名的期刊《自然通訊》(*Nature Communication*)刊載台灣大學化學系周必泰教授與輔仁大學化學系及醫學院研究人員組成的前列腺研究團隊的開創性成果。該團隊以人體至為重要的凝血蛋白為研究對象(圖六)。此種攸關血栓形成機制的重要蛋白迄今結構未明,故對其調控與反應機制亦難以釐清。而研究團隊透過多尺度電腦模擬,結合新型人工色胺酸探針與瞬態時間解析光譜,揭開了生物水(biowater)在蛋白表面及通道口袋內,微水結構的行為與荷爾蒙訊息傳遞的部分圖譜。透過電腦化學模擬複雜系統微水網絡光譜,不僅讓生命現象中隱蔽的微水網絡行為得以揭露,實驗與理論並隨之實踐,揭開生命科學的新頁。

台灣在計算化學這方面的研究潛力大。19世紀初曉,當年的化學家在一片混沌中摸索前進,想必也可比擬現今21世紀面對越趨複雜的系統

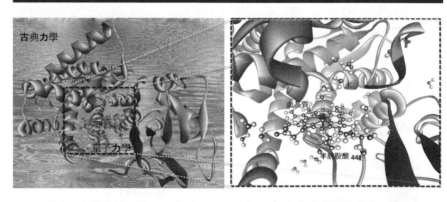

圖六 凝血蛋白水溶液系統。以同源蛋白建構模型並結合真實水環境分子全原子模型,採用古典力場處理結構穩定度,以分子動力模擬觀察結構動態行為與關鍵結構轉變,關鍵核心結構計算採量子化學模型計算電子結構與光譜行為。(作者提供)

下心急如焚的化學家。如何開啟另一扇門——溝通實驗與理論之交流——首要之務可從培養教育種子著手，比如在高中、大學及研究所化學課程中，加入多尺度電腦模擬化學的基礎訓練，以培養具有分子模擬及計算化學理論能力的新一代化學專業人才；問題解決之際，將會是開創新局之時。利用電腦來進行實驗，能讓我們更深入理解化學反應是如何進行，並用以探討各種化學現象。舉凡從生命的分子到工業上的化學反應，化學家可進一步探索太陽能電池、汽車用的催化劑，甚至藥物最佳化等。此外，2013年的獎項也證明了電腦硬體和軟體的驚人增長，現今個人電腦可在一天內執行完的計算，在90年代的過去可是要花上一台超級電腦好幾天的時間。到底電腦模擬可將我們的知識推進到多遠，只有未來才能決定。

◉ 知識網際洪流推進我思故我在！

1998年的諾貝爾化學獎，頒給對計算化學「密度泛函理論演算法」有卓越貢獻的瓦爾特・科恩（Walter Kohn）教授及約翰・波普（John Pople）教授。十五年後，思維突破了計算化學研究系統的局限，2013年諾貝爾化學獎肯定了多尺度電腦模擬應用於複雜化學體系的貢獻，這是對電腦模擬計算／理論化學領域的一大肯定，也顯示了發展應用多尺度電腦模擬在當前化學研究的重要性。隨著電腦計算能力的大幅增加，在將來的化學研究中，電腦模擬化學將會扮演更加重要的角色。

很多人都相信，電腦運算的能力將會在21世紀發展帶動革命性的進步。相信我們將看到的不僅僅是量變，更將是思維上的質變。強而有力的工具更需要有良好的理論思維才能駕馭；縱觀人類文明史詩，真正動人心弦的成就，絕不只是科技成果，如何從思維上革新創變，啟動撼動

人心的論述，必須透過教育來傳承文化學養。進展終究不會停止，如萊維特的一篇論文中寫到他的夢想：到底它可將我們的知識推進到多遠，只有未來才能決定。最後，我以法國哲學家笛卡兒的哲學命題「我思故我在」（拉丁語：Cogito, ergo sum；法語：Je pense, donc je suis；英語：I think, therefore I am）作為結語，與讀者共勉之。

參考資料：

1. N. L. Allinger *et al.*, The Calculated Electronic Spectra and Structures of Some Cyclic Conjugated Hydrocarbons, *J. Am. Chem. Soc.*, Vol. 87(15): 3430-3435, 1965.

2. H. M. Senn and W. Thiel, QM/MM Methods for Biomolecular Systems, *Angewandte Chemie International Edition*, Vol. 48(7): 1198-1229, 2009.

3. H. C. Yang *et al.*, Carbene Rotamer Switching Explains the Reverse Trans Effect in Forming the Grubbs Second-Generation Olefin Metathesis Catalyst, *Organometallics*, Vol. 30(15): 4196-4200, 2011.

4. J. Y. Shen *et al.*, Probing Micro-solvation in Proteins by Water Catalyzed Proton Transfer Tautomerism, *Nature Communications*, Vol. 4: 2611, 2013.

5. http://www.nobelprize.org/nobel_prizes/chemistry/laureates/2013/（諾貝爾獎官方網站所公佈的新聞稿及進階資料；讀者若有興趣，可由此網址取得相關文件）

楊小青：輔仁大學化學系

從分子生物到工業化學——
用電腦模擬生物分子化學反應

文│黃鎮剛

多尺度模型將化學系統由實驗桌帶入電腦的模擬世界。

10月9日大約下午六點半左右，我的研究生世中送了個簡訊給我，要我趕快到諾貝爾獎的網站看看，因為我可能對當年化學獎的得主感到「興趣」。我心裡大概有個數。果然，這年的化學獎得主是史特拉斯堡大學（Université de Strasbourg）與哈佛大學的馬丁・卡普拉斯、美國南加州大學的艾瑞・瓦歇爾、史丹佛大學的麥可・萊維特。得獎人之一的瓦歇爾教授，是我當年博士論文的指導教授。諾貝爾獎網頁公布他們三人得獎的原因為「為複雜化學系統發展了多尺度模型」（the development of multiscale models for complex chemical systems）。簡單來說，他們將複雜化學系統（如生物分子化學系統）由實驗桌上的操作帶入電腦的模擬世界。這是他們四十多年的工作，他們的貢獻最後終於得到了科學界的認可。

● CFF 程式的歷史

瓦歇爾出生在以色列，在基布茲（Kibbutz，以色列的集體農場）長大。當初他打算赴大學攻讀化學，基布茲並不支持，因為化學被認

為不「實用」。他是在以色列受到的教育，在衛茲曼學院（Weizmann Institute）得到博士學位，論文的指導教授是已過世的利夫生（Shneior Lifson）教授。利夫生實驗室所發展的CFF（Consistent Force Field）程式，奠定了三位得獎學者後來研究的基石。CFF用簡單的位能函數（potential energy function）模擬分子系統（圖一）。

　　1967年，由於研究生名額的限制，萊維特未能進入劍橋知名的英國醫學研究委員會分子生物實驗室攻讀博士學位。他在坎諸教授（John Kendrew，1962年化學獎得主）的建議下，先進入利夫生實驗室作程式設計師，撰寫程式（萊維特在次年進入MRC）。坎諸認為應該能將電腦程式應用在模擬生物巨分子（如蛋白質或DNA）的結構（圖二）上。在利夫生與瓦歇爾的指導下，不到幾個月，萊維特很快就寫好了程式，該程式的名字便是CFF。那時萊維特才二十歲。據萊維特自述，他從IBM FORTRAN II手冊自學程式設計。萊維特在史丹佛的同事稱他為「早期駭客」，萊維特也自認是「電腦怪胎」（computer geek）。

$$U = \sum_{\text{All Bonds}} \tfrac{1}{2} K_b \left(b - b_0\right)^2 + \sum_{\text{All Angles}} \tfrac{1}{2} K_\theta \left(\theta - \theta_0\right)^2 + \sum_{\text{All Torsion Angles}} K_\phi \left[1 - \cos\left(n\phi + \delta\right)\right]$$
$$+ \sum_{\text{All nonbonded pairs}} \varepsilon \left[\left(r_0 / r\right)^{12} - 2\left(r_0 / r\right)^6\right] + \sum_{\text{All partial charges}} 332 Q_i Q_j / r$$

圖一　分子的總位能函數是一些簡單解析函數加起來的總和，這些簡單函數模擬分子鍵長、鍵角、扭角、凡得瓦、靜電力等作用。這個位能函數的一階、二階導數也是解析函數。位能函數可用來模擬蛋白質分子的構型與動態軌跡。此方程式若加進量子力學項式（如瓦歇爾的Empirical Valence Bond, EVB函數或其他半經驗量子力學函數），便可模擬生物分子化學反應，計算反應自由能。

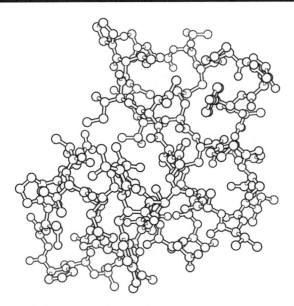

圖二　蛋白質分子立體球棒（ball and stick）結構。球代表原子，棒代表原子間的鍵結。蛋白質由二十種胺基酸組成。（作者提供）

　　CFF程式的能量、力（能量對位置的一階導數）、曲率（能量對位置的二階導數）都是解析函數，計算快速，因此CFF很適合應用在大分子的計算與生物分子系統的模擬上。瓦歇爾與萊維特很快就用CFF運用在有機分子的結構及相關熱力學與光譜性質的計算；他們也是最早將整個蛋白質結構做能量最適化的人。

　　瓦歇爾畢業後，在1969年帶著CFF程式到哈佛大學卡普拉斯的實驗室作博士後研究。在那裡，瓦歇爾擴展了CFF功能，加入量子力學計算，計算共軛分子的基態與激態的結構與光譜。這就是後來有名的QCFF/PI程式。1971年，基倫博士（Bruce Gelin）加入卡普拉斯實驗室，開

始著手改寫CFF程式。[1]基倫改寫的CFF程式，後來演化成卡普拉斯教授被廣泛使用的CHARMM，CFF還蛻變成舊金山大學孔曼教授（Peter Kollman）的AMBER、脫胎換骨成為賀格勒博士（Arnold Hagler）的商業軟體Discovery（Biosym公司發行）。現在所有分子模擬或藥物設計軟體都可或多或少追溯至CFF。萊維特說當他與瓦歇爾到各國訪問遊學時，CFF也似乎長了翅膀，自個兒飛到各地。

◉ 論文的指導教授

在知悉瓦歇爾得獎的消息後，當年的往事種種不禁浮現在我的腦海中。當我進入瓦歇爾實驗室時，他還是副教授。那時許多人認為不該進他的實驗室，因為據說瓦歇爾喜與博士後研究員作研究，收研究生的意願不高，而且計算生物在當時被認為相當冷門，有意鑽研的人並不多。他當時的實驗室不大，只有一位從芝加哥大學畢業的博士後研究員，以及一位身高將近200公分的博士班研究生。我是瓦歇爾的第二個研究生。

傳言不可靠，瓦歇爾還是收了我。我從小成長於死硬刻板的教育，生活在人云亦云的環境，進了他的實驗室後大開眼界。他的「直覺」甚強，思考點之間似乎沒有邏輯的聯繫。他推導公式時，表面上看邏輯複雜、步驟繁瑣，再加上他又喜歡隨意寫數學符號（若需要新符號，就在原符號旁邊加個撇、上面加一橫，或是加撇又加橫，不然就加兩撇兩橫，諸如此類），一般人很難瞭解他的證明。即使是我導出的公式，經過他的手也變得「面目全非」，認不得那原本是我的公式。他總是能得到正確的結果，對這方面他倒是洋洋自得，自認是因為比別人有「常識」（common

---

1 有關這段歷史，萊維特在文獻中有著很有意思的敘述，可參閱本文參考資料第一篇。

圖三　瓦歇爾（右）與本文作者黃鎮剛教授於美國南加州大學合影。

sense）；他不著重表面的邏輯，而是依賴對物理更深的直覺。剛開始，我感覺在研究上無法與他溝通，因為他對當時幾乎所有的主流派思想都持相反意見。雖然後來證明，大部分時候他是對的；然而這對一個新進的研究生而言，在研究上會感到非常孤立。因此我曾一度打算轉到柏克萊大學生物物理系（當時申請已被接受），但最後仍決定留下來（他還好意幫我爭取到Moulton獎學金，這是個榮譽，但我後來發現它的金額比我原來的研究助理獎助金還少）。現在回想起來，幸好是留下來了。他直截了當的思考方式，不與主流學術妥協的態度，影響我至深。

◉ 學術爭論

　　瓦歇爾與萊維特兩人是好朋友，但是瓦歇爾與卡普拉斯的相處並不融洽。在諾貝爾獎公布後，瓦歇爾表示雖已跟萊維特通過話，但尚未與卡普拉斯聯絡。瓦歇爾開玩笑說，或許卡普拉斯請他吃頓午餐，他才會與卡普拉斯交談。事實上曾一起得到諾貝爾獎的學者，後來彼此不和的時有所聞，但是瓦歇爾與卡普拉斯在得獎之前就已經不講話了。兩人的學術觀點非常不一樣。例如，瓦歇爾引以為傲EVB的方法，卡普拉斯不以為然；雖然許多的研究者承認EVB的確是模擬生物分子反應的好方法。卡普拉斯對於蛋白質動態（dynamics）對酵素反應的影響很有興趣（有很多研究者認為蛋白質動態可解釋酵素的催化能力）；瓦歇爾則在2010年寫了一篇回顧文章，論文的標題是〈在21世紀初，蛋白質動態是幫助瞭解酵素催化的遺失環節嗎？〉。文章一開頭，他便洋洋灑灑地介紹六篇發表在《自然》、《科學》期刊上的「權威性」論文；這幾篇都贊成蛋白質動態對酵素反應的重要性。然而瓦歇爾話鋒一轉（很典型的瓦歇爾「不畏權威」風格），攻訐這幾篇論文論點的弱點。瓦歇爾認為酵素催化反應的熱力學性質（如自由能）才有助於瞭解酵素的催化反應。

　　萊維特在史丹佛大學為他召開的得獎感言記者會上說，當年他們的論文常常被退稿。如今回想起來，他感覺如果論文很容易就被接受，大概會覺得「不痛不癢」（nobody cares），所以學術期刊應該退回這篇論文。但是如果論文被退稿，這篇論文必然有些創新東西，因為一般人很難接受創新的東西，因此期刊反而應該接受這篇被退稿的論文。萊維特自嘲地說，這似乎成了catch-22──被退稿的論文應該被接受，被接受的論文應該被退稿。[2]當年我在瓦歇爾的實驗室時，他也常埋怨評審總是

找我們論文的麻煩，負面意見老是居多。我還記得，當我們收到論文的評審意見時，瓦歇爾總是要我先讀，但他常常忍不住，在我讀到一半時，便把評審意見搶過去自己讀。每當念到那些「愚蠢」（瓦歇爾語）的評審意見時，他雙手顫抖、滿臉通紅的表情，至今仍清晰浮現在我的眼前。

　　瓦歇爾不怕與科學界的所謂「大老」持相反意見，他的「反骨」是傳奇性的。加州理工學院的格瑞教授（Harry Gray，2004年伍爾夫獎得主，三十六歲當選為美國國家科學院院士）在瓦歇爾七十歲生日研討會上提到一段往事：多年前，他在加州理工學院聽一場演講，演講者是個得到諾貝爾獎的物理學家，演講的題目則是關於蛋白質分子的種種。演講一停，格瑞教授就看到後座有一位個兒不大的仁兄，揮著手，操著濃厚的口音，急躁地喊著說：「你講錯了！你講錯了！」格瑞教授回憶，當時他也覺得那位大牌物理學家根本不懂蛋白質，但是畏於「權威」，不敢發言。對於這位小個兒敢於表達自己的意見，格瑞教授佩服得五體投地，打定主意要跟他交個朋友[3]。而這小個子就是當年僅是助理教授的瓦歇爾。同樣在加州理工學院的馬可仕教授（Rudolph A. Marcus，1992年諾貝爾化學獎得主）曾說，瓦歇爾從來不是主流派，因為他有自己的河流，在自己河裡玩耍。

2　Catch-22一詞源自美國作家約瑟夫・海勒（Joseph Heller）所著小說《第二十二條軍規》（Catch-22），意為：「怎麼做都錯，不可能解決的困境。」

3　愛因斯坦曾說：「盲目崇拜權威乃真理最大之敵。」有位有頭銜的肝癌權威，雖對計算、結構生物認識不深，但國科會邀請他審查關於計算結構生物計畫，在審查會議中，這位「權威」讓大家「耳目一新」：「所有生物分子（如蛋白質）的結構都是錯的，因為沒有任何生物意義。」幸好他沒審查諾貝爾獎，不然我們會少了十六位因研究關於生物分子結構而得獎的學者。

◉ 研究風格

　　瓦歇爾的論文是出名的難讀，但如果順著瓦歇爾獨有的思路去讀，其實他的論文並非難懂。萊維特的論文讀起來是個享受，條理清晰、講理詳細，而且很有個人風格。卡普拉斯論文很嚴謹，根據柏克萊大學米勒教授所說（William Miller），卡普拉斯寫論文的速度很慢，非常小心。萊維特的研究興趣專注在蛋白質的結構（瓦歇爾曾說，萊維特的興趣就是結構、結構、結構）。瓦歇爾與卡普拉斯興趣比較相似，在生物分子反應機制的領域（如酵素催化反應、生物系統電子轉移、蛋白質摺疊、蛋白質訊號傳遞等等）。限於篇幅，以下主要就瓦歇爾工作的部分，介紹關於酵素反應的研究。由於裡面牽涉到一些的專業知識，讀起來或許會感覺較吃力。

◉ 模擬酵素反應機制

　　酵素是蛋白質分子，它降低活化自由能，增加化學反應速率。若沒有酵素的存在，同樣的化學反應在水溶液裡進行得很慢（圖四）。

　　酵素的功能在於降低活化自由能，但是酵素「如何」降低活化自由能，卻不是個簡單的問題。提出的理論很多：如「去水效果」、「誘導性符合」、「基態反穩定化」、分子「扭轉效果」，或者上述「蛋白質動態」。

　　瓦歇爾很早就認識到，酵素的催化機制的電腦模擬，需要考慮水溶劑的溶合效果，而且參考系統必須是「水溶液」反應，而非「氣態」反應。酵素催化速率，是相對於水溶液反應的速率。當時很多關於酵素反應的模擬計算，不僅沒考慮水溶合效果，而且用的是氣態參考反應。我還記得瓦歇爾給我看了一篇論文，作者曾得過諾貝爾化學獎，然而他在文中

誤用氣態參考反應，他的圖結果事實上證明了酵素是反催化而不自知。

瓦歇爾認為酵素能加速化學反應，是因為它降低「重組能量」（reorganization energy）（圖五）。酵素之所以能降低重組能量，是因為蛋白質摺疊能，固定了活性區域的催化胺基酸，穩定反應物的過渡態。瓦歇爾認為過渡態的穩定來自靜電作用；這也是為什麼瓦歇爾認為酵素催化不來自於蛋白質動態。

重組能量是加州理工學院的馬可仕提出解釋溶液電子轉移反應。當電子從一個分子很快地「跳」到另一個分子時，周圍的溶劑運動較慢，趕不上電子的運動，溶劑原本的平衡態被破壞成非平衡狀態。當溶劑分子從非平衡態回復到平衡態時所釋出的能量，稱為「重組能量」。馬可仕發現，重組能量與活化自由能直接相關；若重組能量小，活化自由能就低，

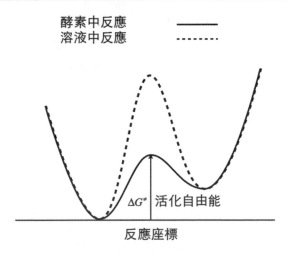

圖四　酵素與水溶液的自由能化學反應曲線。酵素反應活化自由能比水溶液低，因此速率較快。

A. Warshel at USC

圖五　瓦歇爾認為酵素催化是因為降低「重組能量」。（作者繪製）

反應速率就比較快，這是電子轉移的「馬可仕理論」。馬可仕因此在1992年得到諾貝爾化學獎。瓦歇爾將酵素反應區域周圍的胺基酸視為「超級溶劑」，當酵素催化反應，催化胺基酸的位置必須固定，提供最佳的環境來穩定過渡態，換句話說，酵素的催化勢必來自於「重組能量」的降低。

○ 結語

在1998年二位理論學家得到諾貝爾化學獎後，十五年過去，三位理論學家再一次得到獎項。卡普拉斯得獎時八十二歲、瓦歇爾七十三歲、萊維特六十六歲 經過四十多年的努力，他們的研究終於得到認可，得到科學界最高榮譽的諾貝爾獎。諾貝爾網站寫道他們的所發展的模型可應用到化學各領域：從分子生物到工業化學，如太陽能電池、藥物設計等等。我記得瓦歇爾曾提到，他們方法的唯一限制是使用者的「想像力」。

參考資料：

1. Levitt, M., The Birth of Computational Structural Biology, *Nature Str. Biol.*, Vol. 8: 392-393, 2001.
2. Kamerlin, S. C. L. and Warshel, A., At the dawn of the 21st century: Is dynamics the missing link for understanding enzyme catalysis? *Proteins: Struct. Func. Bioinformat.*, Vol. 78: 1339-1375, 2010.

黃鎮剛：交通大學生物資訊及系統生物研究所

2014 | 諾貝爾化學獎
NOBEL PRIZE in CHEMISTRY

光學影像解析度大突破——
顯微鏡變顯「奈」鏡了！

文｜林宮玄

超解析螢光顯微鏡的發明，
獲得2014年諾貝爾化學獎的肯定。
光學顯微鏡的進展，
究竟是如何將影像解析度從「微米」尺度縮小到「奈米」尺度……

艾力克・貝吉格
Eric Betzig
美國
霍華德休斯醫學研究所

斯特凡・赫勒
Stefan Walter Hell
德國
德國馬克斯・普朗克生物
物理化學研究所

威廉・莫厄納
William Esco Moerner
美國
美國史丹佛大學

17世紀光學顯微鏡發明後，微米（10^{-6}公尺）大小的細胞映在人類眼前，開啟了微生物學。1873年，恩斯特・阿貝（Ernst Abbe）證明了光學顯微鏡的解析度只能達到光波長的二分之一左右，稱為阿貝繞射極限（Abbe diffraction limit）。人類所能看到的光波長在400奈米（10^{-9}公尺）到700奈米左右，因此200奈米或0.2微米一直是一般光學顯微鏡解析度無法突破的瓶頸。

　　如圖一所示，在光學顯微鏡發明後的幾百年間，微米左右的物體一直是人類所能觀察到的最小尺度。「微」這個字，被用來形容非常小的物體。顯微鏡的英文為microscope，而微米的英文為micrometer。直到20世紀初電子顯微鏡（electron microscope）的問世，人類才開始看到奈米大小的物體。之後英文多了一個新名詞nano-scope，強調該儀器能看到nanometer（奈米）等級的物體，但是「顯奈鏡」這個名詞在中文並沒有被廣泛使用。現今，「顯微鏡」這個名詞不管是中文還是英文，已不代表只能看見微米尺度的儀器。顯微鏡的功用是將微小物體的影像放大，使肉眼能夠看見。不過生活用語中的顯微鏡，仍大多指光學顯微鏡。

　　既然電子顯微鏡的解析度能看到奈米物體，為什麼一般光學顯微鏡

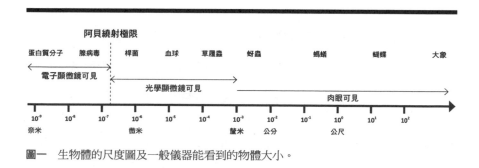

圖一　生物體的尺度圖及一般儀器能看到的物體大小。

仍是生命科學領域重要的研究工具呢？主要原因在於電子顯微鏡只能觀察經過冷凍切片處理的生物樣品。換句話說，樣品是死的。原子力顯微鏡（atomic force microscope, AFM）也是擁有奈米解析度的儀器，目前已發展到可觀察水中的活細胞。然而，原子力顯微鏡只能觀察到樣品表面的形貌，無法看到細胞內部的構造。雖然一般光學顯微鏡的解析度遠比電子顯微鏡與原子力顯微鏡解析度差，但是具有觀察活細胞內部構造隨時間變化的優勢。因此，光學顯微鏡至今仍是研究生命科學很普遍的利器。

超解析螢光顯微鏡（super-resolution fluorescence microscope）的發明出現了新契機。所謂「超解析」的意思是突破阿貝繞射極限，讓解析度進入幾十奈米，使科學家可以觀察活細胞內奈米物體的變化，譬如研究分子如何在腦內神經細胞之間形成突觸。2014年，瑞典皇家科學院將諾貝爾化學獎頒給美國霍華德休斯醫學研究所（Howard Hughes Medical Institute）的艾力克・貝吉格、德國馬克斯・普朗克生物物理化學研究所（Max Planck Institute for Biophysical Chemistry）的斯特凡・赫勒，以及美國史丹佛大學的威廉・莫厄納三人，表揚他們將光學顯微鏡帶到奈米世界的貢獻。

● 與阿貝繞射極限的直接對抗

阿貝繞射極限（Abbe diffraction limit）證明了一般光學顯微鏡的解析度，物理上只能達到光波長的二分之一左右。然而，科學家們仍想盡各種辦法希望能夠突破阿貝繞射極限，直接看到超高解析度光學影像。近場光學掃瞄顯微鏡（near-field scanning optical microscope, NSOM）是其中一個直接的方法，其原理與原子力顯微鏡很類似，利用光纖當作

針尖，以非常靠近待測物表面至幾個奈米的距離，掃描待測物的光訊號。雖然近場光學顯微鏡可利用微小的針尖達到20奈米解析度，但是針尖越小，收光效率越差，在生物影像應用上沒有得到好的成效。

　　另一方面，如果對於照明光源的物理特性瞭若指掌，也可以藉由數學分析，得到超解析光學影像。譬如，構造化照明顯微術（structured illumination microscopy, SIM）藉由控制照明光的週期圖案與待測物的干涉形成雲紋圖形（moiré pattern），並將影像經過計算後，其解析度可突破繞射極限。雲紋圖形的原理如圖二：兩個很密的週期圖案旋轉一個小角度時，原本小的週期結構會變成較大的週期圖案，使得一般光學系統容易解析。經由數學方法，構造化照明顯微術可將一般光學影像的解析度提高到兩倍以上。中研院應用科學研究中心李超煌博士所發明的超解析光學顯微鏡，也是利用調控光源與待測物的交互作用，藉由影像後處理得到小於200奈米以下的解析度。

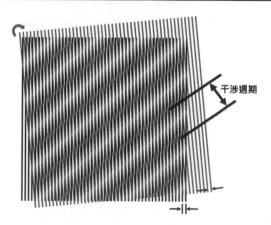

干涉週期

圖二　構造化照明顯微術利用干涉週期的改變，使一般光學顯微鏡的影像解析度提升。

◉ 在瞭解單一螢光分子後

螢光分子在受到高能量（短波長）的光激發後，會放出較低能量（長波長）的光，稱為螢光（fluorescence）。螢光顯微鏡已是生命科學中很常見的研究工具，藉由抗體來標定細胞內的特定胞器或分子，再將螢光分子鍵結到抗體後，即可由螢光的放光位置，追蹤染色的特定胞器在細胞內的形態。綠螢光蛋白質（green fluorescent protein, GFP）的發現，使得細胞不需經由額外螢光染色便可直接觀察，成為活細胞動態變化觀察的強力工具。因此，諾貝爾獎在2008年表彰綠螢光蛋白質的合成技術，讓螢光顯微鏡能用來觀察活細胞的形態變化。

1989年，莫厄納首度量測到單一分子對光的吸收，開啟了單一分子的研究領域，吸引許多科學家投入。1997年，莫厄納在單一綠螢光蛋白質分子的突變體有重要的發現，引發了許多利用光活化（photoactivation）來控制綠螢光蛋白質發光的研究，比如2002年，美國國家衛生院的利平科特・施瓦茨（Jennifer Lippincott-Schwartz）

威廉・莫厄納於1997年發現單一綠螢光蛋白質的發光特性：

在488奈米的雷射光激發下，綠螢光蛋白質在A態會放螢光（509奈米），D態不放光。在A-D態轉換幾個週期後（光隨時間閃爍），會穩定的停在N態不發光；再被405奈米的雷射光照射後，又被活化成可發光狀態（回到A態）。

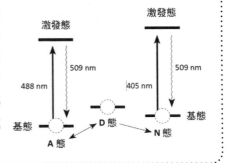

2006年，貝吉格與施瓦茨合作，將會發光的蛋白質接在溶小體（lysosome，細胞胞器）的膜上，利用光活化定位顯微術得到超解析度的溶小體螢光影像。

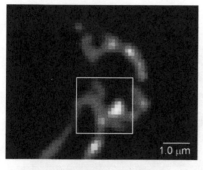

來自傳統光學顯微鏡　　　　　　　　來自光活化定位顯微術

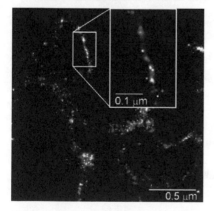

將光活化定位顯微術的螢光影像倍率放大，其解析度可達幾十奈米

圖片來源：Betzig, E. *et al.*, Imaging Intracellular Fluorescent Proteins at Nanometer Resolution, Science, Vol. 313: 1642-1645, 2006.

斯特凡‧赫勒的貢獻：受激放射耗乏（STED）顯微術（1994年）

先利用雷射光激發螢光分子，再以螢光中能量較低（波長較長）的光源，聚焦成甜甜圈的形狀，來產生受激放射耗乏（STED）；在分子還沒自發性放光前，甜甜圈形狀的光會將中點外圍的電子受激放射；由於自發性螢光的顏色與受激放射螢光的顏色不一樣，因此可利用濾鏡觀察只來自中點附近的自發性螢光。

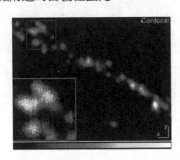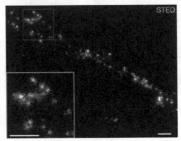

來自傳統光學顯微鏡（左）與受激放射耗乏顯微術（右）所取到的神經末梢突觸螢光影像。受激放射耗乏顯微術可分辨更多神經末梢突觸。

圖片來源：Willig, K. I. et al., STED microscopy reveals that synaptotagmin remains clustered after synaptic vesicle exocytosis, Nature, Vol. 440: 935-939, 2006.

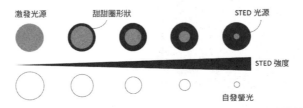

在《科學》期刊發表了一種綠螢光蛋白質突變體：圖三中，原本不會發光的綠螢光蛋白質突變體，在413奈米雷射光照射後會變成活化態，被488奈米光激發可放出螢光（509奈米）；而在持續以488奈米光激發下，

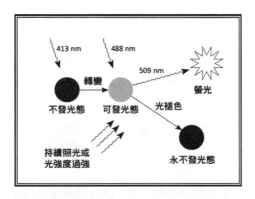

圖三　施瓦茨在2002年發表的綠螢光蛋白質發光特性。＊圓形為綠螢光蛋白質突變體。

分子最後會因為光褪色效應（photobleaching），無法再被活化而放出螢光。

◎ 開關螢光分子閃過阿貝繞射極限

　　一個很小的點光源（比如奈米大小的螢光分子）經過一般光學成像系統後，這個小光點會大到跟光波長的尺度差不多，而這個成像光點的光強度變化，可用點擴散函數（point spread function, PSF）來描述（圖四）。阿貝繞射極限定義的解析度，就是分辨不同小物體距離的能力，而當螢光分子間距很近時（小於光波長的二分之一），不同螢光分子的點擴散函數會重疊在一起，而無法分辨光點是來自哪一個分子。

　　1995年，貝吉格提出利用螢光分子提高解析度的想法：如果將不同顏色的螢光分子均勻地染色在樣品中，讓每個顏色的螢光分子間距都大於阿貝繞射極限，則可利用點擴散函數中心點光強度最強的性質，將分子精準定位。只要將每個顏色的定位影像組起來，即使不同顏色的螢光

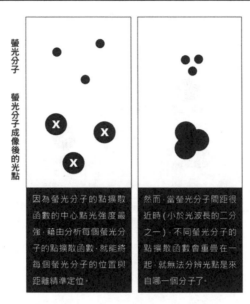

圖四　以螢光分子的「點擴散函數」定位。

分子距離只有幾奈米，還是能解析出來。不過，要把這個想法實現很困難。比如要如何將不同顏色的螢光分子均勻地染色？

　　經過了好幾年，貝吉格看到2002年施瓦茨在《科學》（Science）期刊發表綠螢光蛋白質的獨特光學性質結果，讓他有機會實現在1995年提出的想法。他發現實驗上並不需要區分螢光顏色，還是可以利用不同時間活化綠螢光蛋白質的方式，來組合超高解析影像。他先以很弱的雷射光（413奈米），隨機讓少數綠螢光蛋白質活化（參考圖三），因此活化的綠螢光蛋白質之間的距離都比阿貝繞射極限還要大；他再用另一雷射光（488奈米）激發螢光，然後根據每個螢光的點擴散函數，把各綠螢光蛋白質精確定位，成為第一個子圖；當第一組活化的綠螢光蛋白質

因為光褪色無法再被活化，再不斷重覆上述步驟，記錄下許多子圖，最後就可以組成一張超解析度影像。貝吉格把這個技術稱為光活化定位顯微術（photoactivated localization microscopy, PALM），並與施瓦茨合作實現了這個想法。同年，美國哈佛大學的莊曉薇也參考了貝吉格1995年的構想，實驗證實利用其他生物常用的螢光分子隨機發光特性，也可達到超解析度，並命名為隨機光學重建顯微術（stochastic optical reconstruction microscopy, STORM）。

　　過去二十年，赫勒也一直想著如何突破阿貝繞射極限，而他是從螢光分子的另一個性質著手。螢光分子有基態（ground state）跟激發態（excited state），基態與激發態中還有不同能量的振動態（vibrational state）。當激發光源將電子從基態躍遷到激發態後，電子能量會在0.1奈秒（nanosecond，10^{-9}秒）內從高振動態遞減，並在最低振動態停留幾奈秒。最後當電子躍遷到基態中任何一個振動態而放出的光，即稱為自發性放射（spontaneous emission），一般螢光顯微鏡所觀察的光就是自發性放射的螢光；然而，若電子在激發態時，遇到另一道光剛好對應在電子可躍遷的能量時，電子會受到刺激而馬上躍遷到基態並放出光，即受激放射（stimulated emission）（圖五）。

　　當赫勒瞭解螢光分子「受激放射」的性質後，他想到一個利用螢光的開關來提升影像解析度的方法，並於1994年發表了受激放射耗乏（stimulated emission depletion, STED）顯微術。2000年後，赫勒開始實驗證明這個想法是可行的。他結合激發雷射與受激放射耗乏雷射，聚焦在螢光分子染色的生物樣品，藉由奈米精確度的掃描，得到超解析螢光影像。

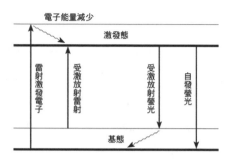

圖五　受激放射螢光與自發性放射螢光。

● 螢光的指引

　　超解析螢光顯微鏡提供了發展光學顯微鏡一個不同的思維。在沒有利用螢光分子的特殊性質前，超解析光學顯微鏡是利用對「光」性質的瞭解去設計，與所要觀察的樣品無關。超解析螢光顯微鏡的原理帶來的啟發，是可以針對觀察物的性質，比如螢光的開關控制行為去進一步提升光學影像解析度；台灣部分研究就是受到這個概念所啟發，比如中研院原子與分子科學研究所張煥正博士，就利用螢光奈米鑽石（fluorescent nanodiamond）發展受激放射耗乏顯微術，臺大物理學系朱士維教授利用金奈米粒子的飽和作用，達成超解析光學影像；筆者就讀臺大光電工程學研究所時與指導教授孫啟光，發表了利用脈衝雷射在氮化銦鎵奈米薄膜產生音波的非線性效應，突破光學繞射極限取得奈米解析度超音波影像。

　　結合人類原本就對光傳播性質的瞭解，利用調控光源與待測物的交互作用，以及螢光分子的特殊性質，讓超解析螢光顯微鏡發展更快。比如本文之前提到的構造化照明顯微鏡，可藉由螢光分子的飽和效應進一步提升解析度，稱為飽和構造化照明顯微術（saturated structured illumination microscopy, SSIM）。超解析螢光顯微鏡也搭配光源的分析，進一步發展出三維奈米解析度的光活化定位顯微術（3D-PALM）、三維隨機光學重建顯微術（3D-STORM），以及三維受激放射耗乏顯微術（3D-STED）等。

◎ 未來方向

雖然超解析螢光顯微鏡已證明可直接觀察活細胞內奈米等級的蛋白質與胞器，然而科學家是不會永遠滿足於目前的解析度。超解析螢光顯微鏡的解析度有賴好的螢光分子特性，譬如開關的控制或隨機性，以及被雷射光打壞的功率上限；發展出好的螢光分子就能更好地染在活細胞裡，這是一條很清楚的路。

顯微鏡除了在解析度的追求，科學家也希望提升影像速度，方便觀察細胞內快速的動態行為，目前這些技術最快也需要1秒左右取得一張高解析二維影像。為了解決影像速度的問題，近幾年來光片照明顯微術（light-sheet microscopy）開始蓬勃發展，2014年從貝吉格實驗室回國的陳壁彰博士也開始在中研院應用科學中心發展光片照明顯微術。我們期待更好的光學顯微鏡讓科學家未來在生命科學領域有更多突破發現，幫助人類對抗疾病，改善人類的生活。

筆者感謝中研院應用科學研究中心陳壁彰博士協助校稿，中研院物理所生物影像核心設施吳紫綾小姐協助潤稿及繪圖。

延伸閱讀：
1. Nobelprize.org, The Nobel Prize in Chemistry 2014, http://www.nobelprize.org/nobel_prizes/chemistry/laureates/2014/, 2014.

林宮玄：中央研究院物理研究所

2015 | 諾貝爾化學獎 NOBEL PRIZE in CHEMISTRY

癌症與遺傳疾病新療法——
有核酸修復，才能生生不息

文｜方偉宏

2015年諾貝爾化學獎的三位得主，
分別投身研究細胞如何修復核酸結構，
以確保正確的遺傳訊息。

林達爾
Tomas Lindahl
瑞典、英國
弗朗西斯‧克里瓦研究所
倫敦研究所

桑賈爾
Aziz Sancar
美國、土耳其
耶魯大學
(Max Englund, UNC Health Care)

莫德里奇
Paul Modrich
美國
杜克大學
(Duke University)

生命一代一代地延續，細胞不斷地被複製，主導所有生命本質的遺傳物質去氧核糖核酸（DNA），在生物體內已流傳了億萬年，這些遺傳物質時時刻刻受到環境因子的攻擊破壞，但它們奇蹟似地依然歷久彌新。

　　獲得2015年諾貝爾化學獎的林達爾、桑賈爾，以及莫德里奇，就是投身研究細胞如何修復核酸結構，以確保正確的遺傳訊息。他們分別研究並拼湊出幾個與人類相關的核酸修復系統。

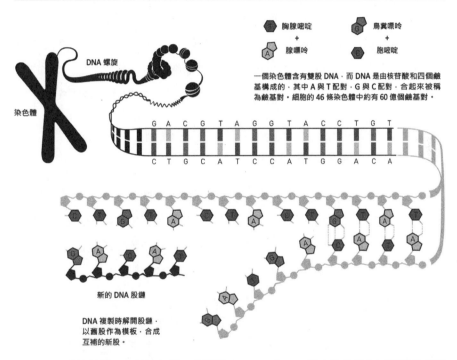

圖一　DNA的結構。一個染色體含有雙股DNA，而DNA是由核苷酸和四個鹼基所構成，其中A與T配對，G與C配對，合起來被稱為鹼基對。細胞的四十六條染色體中約有六十億個鹼基對。DNA複製時解開股鏈，以舊股作為模板，合成互補的新股。

　　我們的生命從單一細胞的受精卵開始，到胎兒、嬰兒到長大成人，形成上兆個細胞，期間共有上兆個細胞分裂事件，核酸也經過同樣次數的複製，神奇的是，這些分裂出來的細胞中遺傳物質的組成與最初的受精卵極為相似！這就是生命物質所顯示出的最偉大的一面，因為所有的化學反應都有隨機錯誤的先天缺陷，再加上生物體的DNA隨時隨地都會受到放射性及化學性的傷害。

　　在經年累月當中，核酸沒有變成一團混亂，而是維持著令人訝異的完整度，主要是因為有好幾套修復系統：成群的蛋白質監測著基因，持續校對基因體，同時修復受損或是錯誤的部分，2015年三位得獎人解開了這種基本生命機制的分子層次，讓我們瞭解細胞如何正確運作，同時告訴我們若干遺傳疾病的分子機轉，以及癌症發生與老化的機制。

● DNA一定有弱點，也一定有修復的機制：
林達爾與鹼基切除修復

　　DNA到底有多穩定？出生於瑞典的核酸修復界耆宿林達爾，在1960年代對這問題保持懷疑態度，當時科學界相信作為生命基石的核酸極端強韌，演化過程中每個世代只會有少量突變，他們認為若是遺傳物質太過不穩定，就不會出現像人類這樣複雜的多細胞生物。

　　林達爾在美國普林斯頓大學做博士後研究時，以核糖核酸（RNA）為主題，但做得並不好。他的實驗將RNA加熱後往往造成快速分解，大家都知道DNA的穩定性高，但如果RNA受熱後會不穩定，性質相似的DNA難道就真能終身保持穩固？這個問題一直縈繞在他腦海。

　　數年後他回到瑞典卡羅琳斯卡學院，以幾個直接的實驗證明了DNA會持續而緩慢地衰敗。他推估基因體每天會受到數以千計的損傷，這種

高頻度當然與人類於地球健存的現狀不相容，於是他推論一定有一個分子機轉可以修復所有的核酸損傷，而這個想法展開了一個全新的研究領域。

生物體的DNA中有A、G、C、T四種鹼基，其中C在化學上有一個弱點：氨基容易脫落，而這會使遺傳訊息改變成U。在雙股DNA中C與G配對，但如果C變成U，就會傾向於與A配對，而在下一個核酸複製時出現突變。林達爾找出一種細菌中的蛋白質可以移除損傷的C，在1974年發表了第一篇核酸修復論文。從此他展開了三十五年成功的研究，探討了許多細胞中的修復蛋白。1980年初，他到倫敦的皇家癌症研究基金會任職，1986年成為新成立的克萊爾（Clare Hall）實驗室主任，並在此地大放異彩。

一點一滴地累加，林達爾將鹼基切除修復（base excision repair, BER）的機制研究透徹到分子層次，這個修復系統是由特定的糖苷酶（glycosylase）作用，這如同他在1974年發現的酵素，是作用在DNA修復機制的第一步。1996年，他在試管中重建人類鹼基切除修復系統。

◎ 專門處理紫外線的破壞，生物體間應有相似的機制： 桑賈爾與核酸切除修復

長久以來我們已知DNA會受到環境中紫外線的傷害，而出生於土耳其、在美國做研究的桑賈爾，闡明了細胞處理的主力是核酸切除修復（nucleotide excision repair, NER）。

桑賈爾在伊斯坦堡就讀醫學院時期就受到生命分子的吸引，行醫於土耳其鄉間數年後，他在1973年決定研究生物化學。他對於一個現象很感興趣，當細菌暴露於致命的紫外線後，照射藍光就可以恢復生機，他

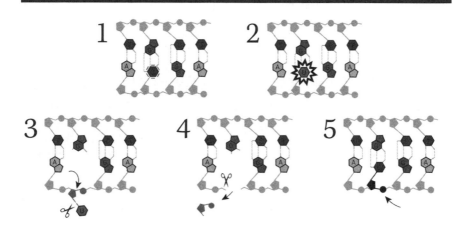

圖二　鹼基切除修復。當一個鹼基損壞時，用酵素切除鹼基來修復DNA，在此以胞嘧啶（C）為例。1.胞嘧啶容易失去氨基，生成稱為尿嘧啶（U）的鹼基。2.U無法與G配對。3.糖苷酶發現缺陷後將U切除。4.其他酵素將DNA上殘存的去氧核糖移除。5.DNA聚合酶將缺口補好，並用連接酶黏合。

深深著迷於這種近乎魔法的現象，但這到底有怎樣的生化反應？1976年，桑賈爾加入美國德州大學魯伯特（Claud Rupert）的實驗室，使用當年原始的分子生物學技術，他成功地選殖到光裂合酶（photolyase）基因，這是一種專門修復受紫外光損傷核酸的酵素，他以這個題目完成了博士論文，然而這項研究沒有引起什麼注意，三次申請博士後研究連連遭拒，光裂合酶的後續計畫只好束之高閣。為了持續核酸修復的研究，他來到美國耶魯大學醫學院擔任研究助理，在那裡展開了走向諾貝爾獎之路。

　　當時已知有兩個系統可以修復紫外線損傷，除了需要光反應的光裂合酶，還有一個暗反應。他在耶魯大學的同事在1960年中期找出三種對紫外線敏感的突變細菌株基因：*uvrA*、*uvrB*及*uvrC*，於是他開始研究暗

反應的分子機轉，以數年的工夫鑑定了 *uvrA*、*uvrB*、*uvrC* 三種基因的蛋白質產物，分離純化並分析特性。最重要的里程碑是他以試管中的實驗，呈現出這些酵素可以識別核酸上的紫外線傷害，再切除受傷DNA股的兩端，這一段約12~13單元的損傷核酸會被移除，最後細胞再用核酸聚合酶將切出的空位補齊。

1983年，桑賈爾發表成果後立刻受到重視，獲聘為北卡羅萊納大學教堂山分校生化學副教授，在這裡他展開了後續的研究，從人類DNA中切除紫外線損傷的分子機制要比細菌複雜得多（細菌只需要六種蛋白質，而人類則高達二十餘種蛋白質參與），但在所有生物體內都是相似的化學反應。

回顧一下桑賈爾早年鍾愛的光裂合酶，他最終還是將這個酵素的反

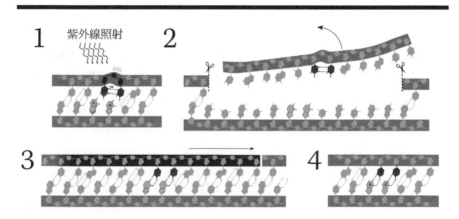

圖三　核酸切除修復。當DNA受到紫外線照射或是香菸煙霧中的致癌物質破壞時，會切除核苷酸來修復。1. 紫外線照射會造成兩個T接合。2. 核酸切割酵素（excinuclease）發現損壞時，會剪開DNA股鏈，並移除十二個核苷酸。3. DNA聚合酶將缺口補好。4. 用連接酶黏合DNA股鏈。

應機制研究清楚了，他找出這種蛋白質在人體中的相似物，協助設立日夜循環的生理時鐘。

◎ 生產線出錯也有補救辦法：莫德里奇與配對錯誤修復系統

出生於美國新墨西哥州的莫德里奇有強烈的牛仔氣息，他在史丹佛大學唸博士，在哈佛大學做博士後研究，之後受聘於杜克大學。早年對於許多與DNA相關的酵素已有深入研究。

展開核酸修復研究的機緣來自他發現細菌內的Dam甲基化酶（Dam methylase）會在序列GATC上的A加上一個甲基，被甲基化的DNA改變了對限制酵素的敏感度，就不會被切除，只讓有害的噬菌體核酸被切掉，可說是細菌用來識別敵我的防衛機制。當時哈佛大學的分子生物學家梅瑟生（Matthew Meselson）認為，這種在核酸複製後過一段時間才會被甲基化的序列位置，或許是在修復核酸複製錯誤時，用來區分正確的舊模板與錯誤的新複製片段的信號。於是兩人合作研究，結論得出核酸配對錯誤修復（mismatch repair, MMR）是一種自然過程，而且是在核酸尚未甲基化時才會修復。

接下來莫德里奇進行了系統性的研究，首先他利用限制酵素對核酸切位序列的特異性，設計了配對錯誤的受質，只要受質中的識別序列出現一個像G-T的配對錯誤就無法被限制酵素水解；反之，如果經過核酸修復成G:C，就可以被限制酵素水解，而水解後的產物用簡單的洋菜凝膠電泳就可以定量得知修復活性。

他在試管中進行功能性測定，一個一個地選殖出參與細菌核酸配對錯誤修復的蛋白質MutS、MutH及MutL，並且加以純化及分析功能。同時他的實驗室也不斷改善配對錯誤的核酸受質，包括將配對錯誤從G-T

增加到A-A、A-C、A-G、G-G、C-C、C-T、T-T等八種所有的誤配情形；並將指引修復信號的甲基化位置，從原本的四個修減成一個，就可以確定反應起點的位置及修復的區段。到了1989年所有的修復蛋白成分都到位了，理想的配對錯誤核酸受質也備好了，呈現出的成果就是在《科學》期刊上所發表的史詩級鉅作研究專文，包含了將純化的十種成分仿照生物體中的比例，在試管中重組修復的反應，以及詳細的反應細節。

當這篇文章發表時，杜克大學的校園間就盛傳莫德里奇開始接到諾貝爾獎委員會的信函，邀請他推薦候選人。研究圈內的朋友及競爭對手都認為，他已將細菌的核酸配錯誤修復系統打包完成，往後再投入這個領域的研究者將難以匹敵。果然，在接下來的十餘年當中，有關細菌核酸配對錯誤修復反應機制的研究，大多出自莫德里奇的實驗室或是與他合作的實驗室，包括利用極精密電子顯微鏡觀察配對錯誤修復中間產物的模樣，以推測修復蛋白作用機制，以及利用X光結構分析修復蛋白如何結合配對錯誤的核酸（圖四）。

近代對生命現象好奇所啟發的研究，常常從最簡單的單細胞生物如大腸桿菌或酵母菌開始，推到最終是希望能深入瞭解人類的生命現象。1990年莫德里奇在《美國國家科學院院刊》（PNAS）發表了第一篇以人類細胞粗萃取液研究配對錯誤修復的文章，他發現人類修復與細菌修復的相似性。1991年，我成為莫德里奇實驗室的博士生，與實驗室夥伴發現兩個人類細胞株缺乏核酸修復的能力，其中一個細胞株是用化學致突變的變種，啟發了使核酸損傷的化療藥物作用機制的新理論；另一個細胞株則是來自遺傳性大腸癌的腫瘤細胞，這種細胞由於突變率增加而容易致癌。當我們做出這個成果發表於《細胞》時，大家都瞭解它的重要性，整個實驗室成員都十分興奮，「諾貝爾獎……諾貝爾獎」的耳語已在流傳。

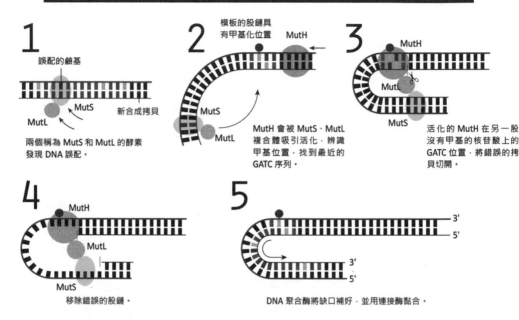

圖四　配對錯誤修改 細胞分裂時會複製DNA，在新合成的DNA股鏈上有配對錯誤。

　　莫德里奇在隨後十多年間，將修復蛋白一一純化，又在2005年將純化的人類修復蛋白質在試管中重新組裝成完整的修復機制。近年來則是進一步探討修復蛋白質在人類生理與病理上的意義。終於所有努力的成果，在2015年的諾貝爾化學獎得到了最終的肯定。

● 核酸修復把關失靈，導致細胞癌化

　　除了上述三種修復系統，還有許多機制維護著DNA，每天修復各種毒害造成的核酸損傷，它們時時對抗著核酸的內生性衰變，在每次核酸複製時修正數千個配錯的鹼基。我們的基因體若是缺少核酸修復必然會

2013年夏天，我回到杜克大學看望指導教授莫德里奇，贈送自製的蜻蜓蛻殼標本。

導致衰敗。

　　許多癌症中，有一或多種修復系統被關閉，使得它們的核酸常常突變而引發對化療的抗藥性。同時這些生病的細胞就更依賴仍有功能的修復系統，才能避免DNA過度損傷而無法苟活。目前科學家企圖利用這個弱點發展新的抗癌藥，抑制殘存的核酸修復來減緩或中止腫瘤的生長，如一種稱為olaparib的藥物。

　　三位2015年化學獎得主所完成的基礎研究，不僅加深我們認識生命如何維護自身，同時也可能發展出救命的新藥，如同莫德里奇接受訪問時所說的：「這就是為什麼由好奇心所驅使的基礎研究是那麼重要，你永遠不知道它會導引到哪一個方向……當然，加入一點好運也有幫助。」

方偉宏：為得主莫德里奇指導的博士生，臺大醫技系

2016

分子轉輪與分子馬達

文｜邱俊瑋、楊吉水

當物體尺度小至原子、分子的層級時，巨觀世界的機械力學概念便不再適用。
科學家轉而思考：能否直接運用分子來建構分子大小層級的器械呢？
2016年諾貝爾化學獎頒給三位有機化學家，表彰他們在分子機械領域的成就。

沙瓦吉
Jean-Pierre Sauvage
法國
斯特拉斯堡大學
（Catherine Schröder/Unistra）

斯托達特
Sir James F. Stoddart
西北大學、
新南威爾斯大學
（圖片來源：Bengt Nyman，https://
upload.wikimedia.org/wikipedia/
commons/0/02/Nobel_Laureates_
Fraser_Stoddart_2016_%28311171
36180%29.jpg）

費林加
Bernard L. Feringa
荷蘭
格羅寧根大學教授
（University of Groningen）

現代人的生活器具強調輕量化、多功能，器具的體積越小越好，功能則是越多越好。以手機為例，行動電話剛問世時，有著厚重機身及外殼，功能僅限於撥打電話；但隨著時間演進，現在的智慧型手機不僅短小輕薄，拍照、上網等功能也一應俱全，忠實體現科技產品發展的趨勢，也反映了人們對於生活的期望。然而隨著3C產品越做越小，積體電路製程要求越發精密，這樣的發展方向終究會遭遇到物理上的極限，也就是當物體尺度小至原子、分子層級時，巨觀世界裡的機械力學概念便不再適用。因此，科學家轉而思考：能否直接運用分子來建構分子大小層級的器械呢？這個目標很明顯地須仰賴化學家在分子結構設計、合成與性質操控方面的精進方能達成。

2016年諾貝爾化學獎頒給了三位有機化學家，分別是法國籍的沙瓦吉、蘇格蘭籍的斯托達特，以及荷蘭籍的費林加，以表彰他們在分子機械（molecular machines）領域的成就與貢獻。沙瓦吉的貢獻主要在於鏈烷類（catenanes）的合成，展示了分子結構可以不必經由化學鍵結支撐，如同日常生活裡的扣環；斯托達特設計的輪烷類（rotaxanes）化合物，結合沙瓦吉非鍵結作用力的概念，形同套掛在桿子上的扣環，藉由調控扣環在桿子上的位置，來模仿電梯的上下移動或生物體肌肉的伸縮運動；而費林加設計的分子轉輪則是自成一派，在紫外光照射下，轉輪分子可周而復始地進行單方向的旋轉，成為原型分子機械如分子汽車的馬達。以下帶領讀者進入分子機械的世界，並說明分子馬達是如何誕生的。

◉ 分子開關與分子馬達

分子機械系統可分為兩大類：分子開關（molecular switches）和分子馬達（molecular motors）。一個分子開關是指具有兩種或以上的狀態

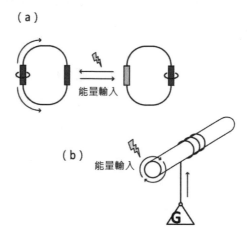

圖一 （a）分子開關示意圖，藉由能量輸入調控扣環停留在深灰色或淺灰色的位置。（b）分子馬達示意圖，藉由能量輸入驅動單一方向的旋轉運動，可作功。

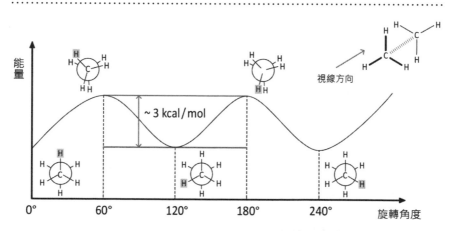

圖二 乙烷旋轉位能曲線示意圖。固定遠方的原子，將靠近觀察者的原子逆時針旋轉，灰底的氫原子作為基準。隨著旋轉角度增大，系統的位能會慢慢上升，在60度時達到最高點，這段能量差便是旋轉的能障。

與性質的分子，分子在這些狀態之間的轉換，如同一項器械在開與關兩種狀態間切換一般。狀態切換所需的外加能量型式可以很多元，包括常見的光能、電能和化學能。例如：酸鹼指示劑可視為一種由化學能（酸和鹼）調控的分子開關，它在不同的酸鹼值中會有不同的鍵結情形與電子分布狀態，進而表現出不同的顏色。沙瓦吉和斯托達特的輪烷類分子開關系統中，有兩個或以上的位置可供扣環單元停留（類似車站的概念），能量的輸入可使扣環在不同停留站間「移動」和轉換。至於分子馬達系統，如同巨觀世界由電力或汽油燃燒驅動的馬達一般，分子內的轉輪會藉由能量輸入而進行特定方向的旋轉。自然界中的ATP合成酶便是一種分子馬達，藉由質子的化學位能差來促使酶中轉輪旋轉而合成ATP。費林加的光能操控分子馬達可說是現今最成功的人造分子馬達系統，因此他獲頒諾貝爾獎，可說是實至名歸。現實生活中的馬達如汽車引擎，其功能為推動車輪旋轉，轉速和方向的控制是汽車運作兩大關鍵。那麼，同樣的功能和控制在分子世界裡是否可能實現呢？

❍ 分子轉速控制──分子剎車

分子世界裡所有事件發生的速率都和能量障礙（energy barrier，以下簡稱為能障）有關，這與化學反應速率和活化能大小相關的概念類似，能障越高的事件，其發生的速率就越小。以乙烷分子碳─碳單鍵的旋轉為例，其旋轉能障僅為每莫耳3000卡（3 kcal/mol），在室溫下旋轉速率每秒可達約109轉（109 s-1）。相對地，乙烯的碳─碳雙鍵旋轉能障可達每莫耳7000卡之譜，在室溫下是無法旋轉的。

要控制一個分子轉輪的轉速，我們必須要有能力對它的旋轉能障做調控。調控分子轉動能障最直接的方式就是利用結構立體效應（steric effect），亦即設計一個可調控的障礙物卡在分子轉輪旋轉的路徑上，這樣就能改變轉動能障進而改變轉速。根據這個概念，凱利（T. Ross Kelly）於1994年設計出第一個分子剎車系統，該系統包含一個三葉片轉輪和一個剎車結構單元。其中剎車結構單元可與外加之金屬離子進行螯合（chelation）而轉入分子轉輪的葉片之間，使得轉輪的立體能障提升，進而降低其轉速。相較於此一由化學能（即金屬離子）操控的分子剎車系統，筆者實驗室於2008年發表第一個可在室溫下運作的光控分子剎車系統，乃利用光驅動的異構化（isomerization）反應來改變剎車結構單元的空間位置，以達到剎車效果：剎車啟動前分子轉輪的轉速每秒109轉，但剎車啟動後轉速下降到每秒只有3轉。光能優於化學能之處在於無化學廢料汙染的問題，更適合用於非生物系統的應用。

◎ 分子的隨機運動

要將機械轉動的動能有效地轉換成機械功輸出，一個非常重要的關鍵就是轉動的方向必須一致。試想汽車的車輪轉動方向並非持續一致，而是隨機地往前或往後，那麼在一段時間後，它仍將留在原地。然而，這卻是分子世界中會遇到的現象，亦即在沒有外來因素干擾的情況下，任何形式的分子運動均是隨機且無方向選擇性。上述的分子剎車系統只在轉動「快」與「慢」兩種狀態之間做切換，並未具備旋轉方向的一致性，因此算是一種分子開關，並非分子馬達。

◎ 對稱性與運動方向性

要使分子運動具方向性，必須要破壞分子結構的「對稱性」，因為方向性本身就是一種不對稱的概念。結構對稱的物體在對稱環境下進行的

隨機運動，必定會是對稱的，只有當結構或者環境具有不對稱性，才有機會引導出有方向選擇性的運動。比方說，在平坦的地面上，水的流動沒有任何方向性，四面八方均可，因為各方向地面的高度均是相同的；但若地面有高低起伏，水就會由高處往低處流，此乃藉由環境上的不對稱創造出運動上的方向性。又如乒乓球的形狀是對稱的球體，可以任意地用球拍去改變旋轉方向來打出不同方向的旋球；但對羽毛球來說，球身的羽毛呈現不對稱的螺旋狀排列，不同方向旋轉的風阻不同，因此羽毛球在飛行時會往風阻較小的方向旋轉，這就是藉由結構上的不對稱創造出運動的方向性。回到分子轉動速率的問題，對稱的分子結構和環境將使分子在各方向的運動能障都相同，所以往各方向的運動速率也都相同，因此無法產生有方向性的運動。結構不對稱性是設計分子馬達的必備條件。

◎ 不對稱合成是分子馬達的基礎

費林加早年的研究重心放在不對稱合成（asymmetric synthesis），亦即透過反應試劑或催化劑的不對稱結構，來選擇性地合成不對稱分子的方法。不對稱合成在化學上是一項非常有挑戰性的工作，2001年諾貝爾化學獎就是頒給三位在不對稱合成有卓著貢獻的有機化學家。費林加在韋恩伯格（Hans Wynberg）教授門下攻讀博士學位時，曾針對結構過密的烯類（overcrowded alkenes）進行研究。如前所述，烯類的碳—碳雙鍵不允許旋轉，且理想結構為平面性，但當雙鍵碳原子接有體積很大的基團時，會因立體障礙彼此排斥，造成結構扭曲偏離平面性，這是過密烯類的結構特徵。

1991年，費林加發表了一種螺旋狀的過密烯分子，在特定波長的紫

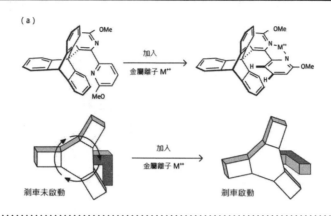

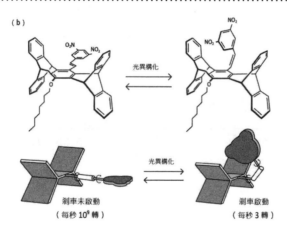

圖三 （a）凱利所開發的分子剎車系統。（b）筆者實驗室所發表的分子剎車系統。

外光照射下，原碳─碳雙鍵會轉換成碳─碳單鍵性質，而允許旋轉來舒緩立體障礙。此分子的轉動行為包含四個步驟，第一與第三步驟涉及大幅度旋轉，屬光驅動，在第二、第四步驟中僅兩交疊葉片上下空間互換，旋轉幅度較小，熱能驅動即可。經過前三步驟旋轉後，結構的螺旋方向

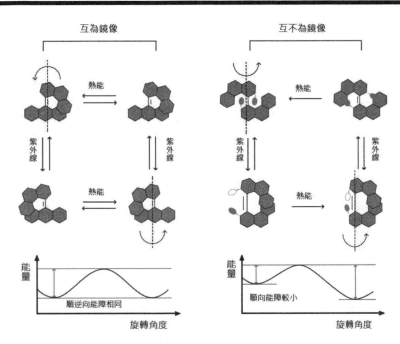

圖四 （a）1991年費林加分子馬達雛型示意圖，由於較為對稱的結構導致缺乏旋轉方向性；（b）費林加第一代成功的分子馬達示意圖，破壞結構的對稱性之後成功引導出旋轉方向性。

發生了反轉，前後的結構互為鏡像，加上逆向旋轉過程與順向旋轉過程遭遇能障相同，因此旋轉方向並無選擇性。但此例啟發了費林加在結構中添加不對稱因子的想法。

○ 光驅動分子馬達的誕生與萌芽

1999年，費林加發表了史上第一個以光驅動分子馬達，他在過密

烯結構上利用不對稱合成的手法，添加了一個朝「上」的甲基（methyl group）團，以破壞結構的對稱性，使旋轉過程不再出現鏡像結構，也使逆向旋轉具有較高的能障、較低的速率，引導出旋轉運動的方向性。

　　費林加接著將心力投注於分子馬達的運轉最佳化及功能開發，並於2006年發表分子馬達推動玻璃針轉動的實驗。他將新型分子馬達摻在液晶分子中，藉由分子馬達的轉動來改變液晶分子的排列行為，進而推動一根28微米長的玻璃針轉動，展示了分子馬達並非僅是紙上談兵，而是確實可以作功的；此外，玻璃針尺寸比分子馬達大了數萬倍，顯示微觀的分子機械確可在巨觀世界中運作，對分子機械領域中的學者們帶來極大的鼓舞。

◉ 分子機械的未來

　　諾貝爾化學獎的桂冠落在分子機械，並不表示化學家探索分子機械系統的工作已經落幕，相反地，嶄新的一頁才即將開始。費林加曾說道：「現在吸引我的已不是設計新的分子馬達結構，而是為這些系統開發實際的用途。」科學家們花費五十餘年想像分子機械的願景後，如今人類終於跨出控制分子運動的第一步，也許再過一段時日，分子機械便能帶給人類生活革命性的改變。不過在這之前，我們可先享受一下近日即將於法國材料發展與結構研究中心（Centre d'Élaboration de Matériaux et d'Etudes Structurales, CEMES）舉行的第一屆奈米車大賽（Nanocar race）的刺激感！

邱俊瑋：臺灣大學化學系
楊吉水：臺灣大學化學系

分子機械的研發之路

文｜孫世勝

機器的出現與應用，在近代人類發展的歷史上扮演一個重要的角色，不同類型的機器幫助人們執行超出人體能力所及的任務，自工業革命以來，機器所帶來的便利性大幅提升了人類社會的生活品質。在傳統印象中，機器為利用能量轉換為機械作用而完成某一特定功能，這些機械運動可利用牛頓力學作完整的詮釋。人類一直努力突破機器的構造限制，並嘗試構建尺寸更小的小型化機器，最終極限是製造分子大小的機器。然而，當機器的尺寸逐漸縮小至分子層級時，傳統的力學觀念仍能適用於這些分子機器的運作嗎？

分子層級機械的簡單定義為——當通過適當的外部刺激（輸入）後可執行機械運動（輸出）的分子組合，而操作機械需要的能量可由適當的能源所提供。為了要建構複雜的機器，通常需要多種零件組裝，因此零件設計及整體連接性的控制，是機器開發的核心，通過控制外部能量的輸入，機器中組件的移動和轉動，可產生預定的功能。當機器在分子尺度運作時尚需克服外界環境的熱擾動（布朗運動）。最後，透過由光或其他能量來源進行的外部燃料供給來控制和驅動機器，進而使其遠離系統中的平衡。該動作由機器的馬達所維持，驅動其他結合部件的相對運動和功能。

　　兩種主要技術的進步，已被證明在解決分子尺度下建構機器的複雜挑戰中特別有用。第一個涉及機械鍵的建構，第二個則利用分子結構中可進行順反異構化的雙鍵，這兩項技術的發展產生了許多具有如機器般功能的大型複雜分子結構。

● 分子機械的突破——機械鍵

　　在分子機械方面取得的重大進展的主要原因，在於利用機械鍵（mechanical bond）的互鎖分子組件。在這種組件中，各個部件不是利用共價鍵直接連接在一起，而是透過如兩個互連環交纏所致，儘管它們由於機械互鎖連結而被限制在空間中，但各個部件原則上可相對於彼此而自由運動。早在1950年代，聯鎖低聚矽氧烷和環糊精的描述中，已提出透過機械鍵維繫在一起的分子實體概念，但直到60年代才合成與分離出此結構。如圖一，基於兩個互鎖環的交環烷（catenane）和基於環與軸的輪烷（rotaxane），在當時被提出與合成。儘管如此，其合成是非常

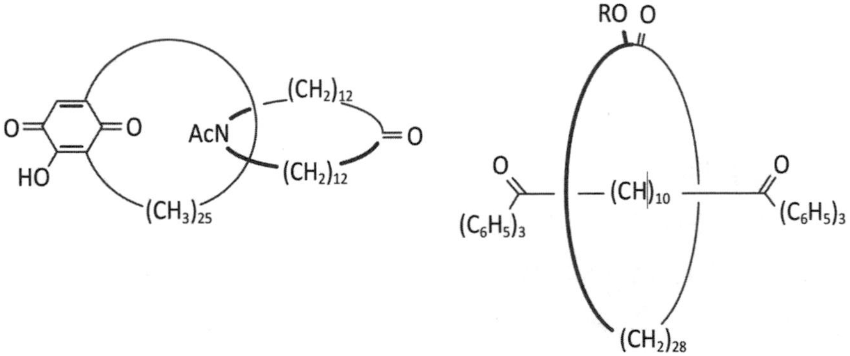

圖一　早期基於機械鍵的結構，左為交環烷，右為輪烷。

具挑戰性的,同時產率也非常低。

○ 沙瓦吉與斯托達特的成功進展

　　這個領域的發展在整個1970年代和1980年代初,因產率過低、無應用性而緩慢進行。直到1983年,沙瓦吉與同事在法國斯特拉斯堡路易斯巴斯德大學,引入一價銅離子合成交環烷以大幅提升產率。合成策略是使用兩個鄰二氮菲與一價銅離子配位作為模板,其中一個鄰二氮菲以大環單元引入,另一個以半月形片段引入。最後閉環後除去一價銅離子即得交環烷。此一模板合成策略的成功,大幅提升了拓撲化學領域的進展,並且進一步開展了分子機械的研究。該方法使得沙瓦吉和同事能夠合成拓撲學上非常具有挑戰性的結構,如圖二。

　　斯托達特和同事在1980年代使用選擇性模板的方法來合成機械互鎖的分子,其中一種是使用富電子和缺電子的芳香環之間的相互作用,合成出「夾」在兩個氫　單元軸的巴拉刈─環芳烴結構,由於軸端被大基團所封閉,使得輪烷有較高的產率。巴拉刈─環芳烴可被視為分子區間車,能在輪軸上的兩個氫　站之間移動(圖三),即所謂的平移異構化現象。

　　之後沙瓦吉和斯托達特兩個研究小組都分別在結構中引入不對稱性,

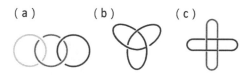

圖二　(a)交環烷(b)三葉結(c)所羅門鏈。

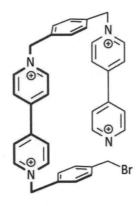

巴拉刈─環芳烴

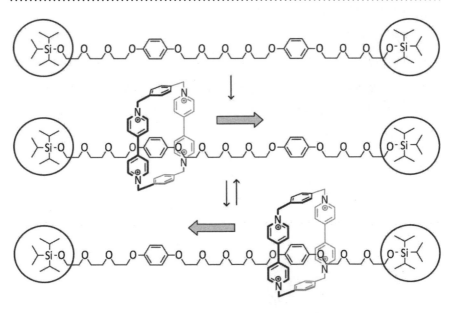

圖三　巴拉刈─環芳烴在輪烷軸上的平移運動。

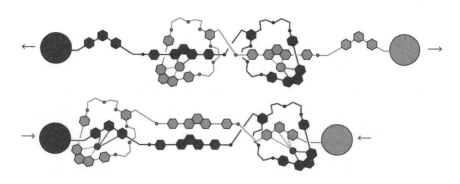

圖四 菊花鏈輪烷結構中的伸縮。

來證明機械互鎖分子可經由外部控制其平移和旋轉運動。斯托達特團隊
在輪烷軸，引入了兩種不同的 π 電子給予單元（對二苯胺和對二酚基
團），並且可以在電化學氧化和還原循環時讓巴拉刈—環芳烴在兩個站之
間移動，或者透過 pH 變化提供能量輸入。沙瓦吉團隊設計交環烷結構之
其中一環，以鄰二氮菲和三聯吡啶提供兩個不同的配位點，在另一個環
保留單一鄰二氮菲，在電化學氧化還原中心銅離子時，鄰二氮菲和三聯
吡啶可以互相交換而產生分子機械運動。

　　自 1990 後期以來，該領域的應用部分已越來越多地被團隊發表，並
且也被許多其他研究者追尋。沙瓦吉團隊在 2000 年發表的菊花鏈結構中
證明（圖四）可以利用化學方法控制分子的收縮與延伸，其行為類似於生
物系統中肌肉的作用。通過整合兩個相互纏結的輪烷官能基，在化學刺
激調控下，能實現高度控制的平移收縮和擴張達 2 奈米的距離。

● 斯托達特的分子電梯

斯托達特團隊在2004年開發了一種稱為「分子電梯」的複雜輪烷裝置，實現兩個「地板」之間，移動平面的高度控制運動，這兩個「地板」間隔0.7奈米的距離（圖五）。在這種情況下，施加的力估計可高達200皮牛頓（pN, 10^{-12} 牛頓）。此外，在2004年，斯托達特團隊開發了類似肌肉的分子致動器，其中輪烷結構能夠折彎金箔片。通過將大環組分別連接到金表面，同時離開軸部自由移動，可控制收縮和延伸高達2.8奈米，這在收縮的情況下導致金箔片彎曲約35奈米，估計每個分子約10皮牛頓。

斯托達特團隊與同事一起致力於開發基於輪烷和交環烷的分子級電子元件，旨在製造分子邏輯閘和記憶體。這些研究在2007年衍生了具有記憶功能的輪烷分子元件。輪烷被安裝在微電子元件中的電極之間，並且可以對寫入電位作出響應，開與關狀態可在非擾動電位被讀取。一個

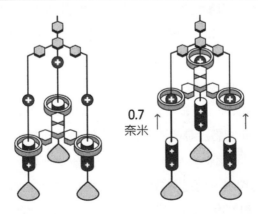

0.7
奈米

圖五　基於輪烷的分子「電梯」。

160千位元存儲器，由幾百個輪烷／位元組成，密度約為100兆位元／平方公分。

◉ 可異構化雙鍵

在機械互鎖結構的發展同時，可異構化不飽和鍵也是分子機器領域上進步的核心。在分子馬達的發展過程中，不同的分子片段被設計、合成和應用於旋轉。其中以受控制的分子單向旋轉是這一發展中最根本的突破。

馬達對於任何分子機械都是最關鍵的零件，功能在於驅動整個機械構造。馬達零件需要將整個系統帶離平衡，因此分子馬達的發展是促進一個整體領域的關鍵。除了對輪烷和交環烷的工作外，早期的旋轉控制涉及限制圍繞單鍵的旋轉。在1970年代，螺旋槳狀分子的旋轉因此被研究，其中在一些情況下發現有較大的旋轉障礙。在接下來的幾十年中，科學家雖然瞭解了控制旋轉的步驟，但對於旋轉方向仍然是難以掌控的。直到1999年，費林加才報導了控制單向旋轉的第一個例子，這是馬達的典型特徵。這種電機組件不是基於單鍵，而是基於可異構化雙鍵。使用所謂的過度擁擠的烯烴和分子中的工程不對稱性，可以利用光照射和熱弛豫循環獲得單向旋轉。

這個巧妙設計代表了分子機械發展上的一個巨大進展。不僅費林加和他的同事在分子尺度上解決光驅動結構變化的基本任務，他們還設計了解決單向運動核心挑戰的解決方案。在接下來的幾年內，源自費林加團隊設計的幾代馬達，旋轉頻率顯著增加。例如在2014年，優化過後的分子馬達被證明以超過1200萬赫茲的頻率旋轉。在掌控了分子馬達單向旋轉成果後，費林加團隊也展示了將馬達安裝在金表面上的光驅動螺旋

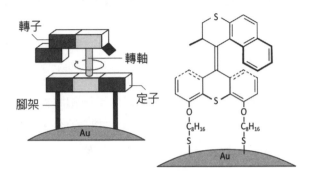

圖六 安裝在金表面的分子馬達。

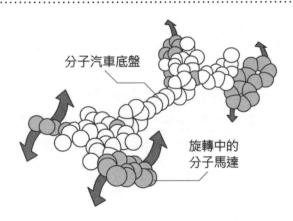

圖七 費林加提出的四輪驅動「奈米汽車」。

樂（圖六）。費林加團隊更進一步設計出可由分子馬達驅動之分子組件，其平移動作可由在不同旋轉方向上成對操作的四個分子馬達組成的「奈米汽車」在表面上推進（圖七）。

○ 展望

自1987年諾貝爾化學獎首次頒發給超分子化學領域的研究學者，經過了將近三十年的進展，超分子化學已由分子辨識的基礎研究，發展到更深層的利用機械鍵和單向旋轉結合產生功能性分子機械的世代。沙瓦吉，斯托達特和費林加三位學者，通過設計和合成拓撲化學上非常挑戰性的結構，結合理論和實驗所開發的受控制運動和功能分子機械已被證明。本文中僅提到一部分代表性例子，沙瓦吉和斯托達特已成功發展出可高效率製備具有機械鍵的分子，並且廣泛應用於各式分子機械中。費林加則成功解決了分子馬達的單向性運轉問題並在操作分子機器運作中用發揮了重要作用，未來分子機械有可能成為我們生活的一部分，並且可以設想分子機器人將是下一個主要科學領域之一。

本文部分取材於諾貝爾獎官方網站文章〈Molecules Machines〉
圖片來源：©Johan Jarnestad/The Royal Swedish Academy of Sciences

孫世勝：中央研究院化學所

用低溫捕獲生命原態的原子細節

文｜章維皓

2017年諾貝爾化學桂冠頒給了杜巴謝、法蘭克以及韓德森，
表彰他們發展低溫電子顯微術，
並應用於溶液中生物分子的高解析度結構測定上。

理察·韓德森
Richard Henderson
英國
劍橋MRC分子生物實驗室
（MRC Laboratory of Molecular Biology.）

姚阿幸·法蘭克
Joachim Frank
德國、美國
哥倫比亞大學生物物理學教授
（photo credit Ziao Fu）

雅克·杜巴謝
Jacques Dubochet
瑞士
洛桑大學生物物理學教授
（Félix Imhof ©UNIL）

現代化學的核心是關於物質的研究，因此諾貝爾化學獎不外乎在合成、結構和分析方法這三個領域來回振盪。2017年，化學獎頒給看似物理學的低溫電子顯微術領域，卻是屬於結構和分析的化學範疇，代表此領域獲獎的是分別在樣品製備、影像重組和低劑量電子成像等三個關鍵有卓越突破的杜巴謝、法蘭克以及韓德森，獲獎原因為「發展低溫電子顯微術，可應用於溶液中生物分子的高解析度結構測定」。瞭解生物分子的結構到底有什麼重要性？細胞是生命的基本單元，細胞的運作是靠著裡面許許多多的蛋白質機器不斷運轉。瞭解這些分子機器如何運動，使得人類能一窺細胞的奧祕，並通過控制或改造這些生物分子，使人類有機會脫離疾病的束縛。而如何瞭解這些分子機器如何運動，最直接的方法就是對這些分子機器攝像。

　　這樣的夢想因為英國醫學研究中心的比魯茲（Max Perutz）在1950年代初解決X射線蛋白質晶體繞射圖的相位問題而實現。從1980~2000年間，由於同步輻射、大面積相機和結構測定軟體分享網絡的興起，X射線蛋白質晶體學逐漸成為結構生物學的主流工具，許多大分子的晶體結構紛紛被解出，最有名的為光合作用中心、ATP合成酶、鉀離子通道、核醣核酸聚合酶和核醣體的原子結構，囊括五次諾貝爾化學獎，而其中有三次是被英國醫學研究中心的研究員或校友抱走。然而嚴格來說，晶體結構與能表徵生理功能的溶液結構還是不同。如今，通過杜巴謝等人發展的「電子照妖鏡」，科學家終於能在茲卡病毒（Zika virus）甫一出現之際，不需用到結晶學就能破解球殼蛋白的原子圖譜，為藥物設計提供精確藍圖。本文將分別對韓德森、杜巴謝和法蘭克的研究做深度報導。

◉ 韓德森：走出結晶學的先知

　　韓德森在低溫電顯的關鍵貢獻是引入低劑量欠焦電子成像法。筆者有幸在1993年於美國加州柏克萊大學求學時巧遇韓德森，所以先從韓德森談起。時年四十八歲的他，為人謙和又風趣健談。通過韓德森的工作，我瞭解到若要藉電子顯微鏡獲得蛋白質的原子結構，需透過二維結晶提供大量同位相的分子以供平均而提升訊噪比。韓德森於1975～1990年發展出一套電子結晶學的標準程序，我的博士論文便是純化一個轉錄複合物並長出一個轉錄複合物的二維晶體，靠著韓德森方法分析出三維結構。為什麼說二維結晶是必要的？其實電子顯微鏡的工藝早在三十年前已臻完美，是材料科學家用來看見金屬原子的利器。然而，一旦把金屬材料換成蛋白質，影像的清晰度有如飛蚊症患者看到眼球上的半透明小點，這是由於蛋白質對電子束極為敏感，攝像需用極低劑量的電子（每平方埃10～20電子），造成所得單一分子的影像中的原子細節盡埋於噪音之中，二維晶體可用來把原子細節的訊號疊加而勝過噪音。

　　在跨入電顯這一行之前，韓德森師事Ｘ射線晶體繞射大師布洛（David Blow），在1969年取得博士學位後，旋赴耶魯大學，打算用Ｘ射線結晶學解決膜蛋白結構。礙於純化膜蛋白和長出其三維晶體在當時屬於超級困難的挑戰，韓德森回到英國加入英國醫學研究中心，由克里克（Francis Crick，1962年醫學獎得主）和克盧格（Aaron Klug，1982年化學獎得主）共同領導的團隊，當時組裡好手如雲，有狄羅基爾（David DeRosier）、克勞德（Tony Crowther）、芬區（John Finch）和昂溫（Nigel Unwin）。狄羅基爾和克勞德長於三維重建，芬區和昂溫則擅長電子顯微鏡攝像。韓德森基於1974年和葛萊瑟（Glaeser）與其學生泰勒（Taylor），

使用電子繞射對電子束引起輻射傷害的首度觀察，與昂溫合作開發低劑量電子顯微術，在1975年得到紫質蛋白的三維結構（7Å），觀察到紫質蛋白的七次穿膜，穿膜區的二級結構是 α 螺旋（alpha helix）。

　　雖然這個工作所獲得的是被保存在糖水中乾燥後的紫質蛋白，可能與生理態有些差異，但總算是人類第一次看到膜蛋白膜中的結構，排除了膜蛋白在膜中的二級結構可能是無序的猜測。然而，韓德森向筆者透露這個工作算是克盧格領導的，不會再得諾貝爾獎。但韓德森再接再厲，在1990年終於把紫質蛋白的三維結構推進到3.5埃（Å），建出紫質蛋白的原子模型（PDB model）。可惜的是，先前一個更複雜的膜蛋白「光合作用中心」的原子模型在五年前已率先被解出，抱走了1988年的諾貝爾化學獎。韓德森又再一次錯過了諾貝爾獎。

　　受了兩次的重大挫折，韓德森問了一個更深刻的問題：二維晶體是為了克服低劑量電子成像的噪音，但晶體真的是必須的嗎？回到散射物理的根本，他調查X射線、中子、電子的散射截面，發現一顆300 kV的電子相當於1~10萬顆X射線光子。換句話說，X射線散射截面小，需靠蛋白質晶體提供上百萬個晶格以在高解析區域高訊噪比的散射信號。就電子而言，因散射截面變大，夠大的單粒子似乎就能給出足夠訊噪比的信號。經過計算後，他發現事情沒那麼單純，但結論是樂觀的。簡單地說，雖然由低劑量電子所得高解析的散射訊號勝不過噪音，但是低解析度的訊號已足夠用來有效對齊影像，疊加後產生平均，把高解析的訊號搶救回來，以至於有機會看到蛋白質3Å解析度的電子雲密度。韓德森和低溫電顯社群為實現這個預言又一齊努力了二十年。

　　有趣的是，一個用X射線實現單粒子繞射的概念在2000年左右，誕生於X射線社群。當時在歐洲，由亞諾斯（Janos）領導的團隊提出用自

由電子雷射來實現單粒子繞射的想法,此實驗是設法利用極強且極短的X射線脈衝光打在蛋白質單粒子上,在蛋白質發生庫倫爆炸前就取得其繞射圖,從而反解出其原子解析度的電子雲圖,而不需依賴X射線結晶學,所獲得的蛋白質結構是具有生理意義的液態結構。韓德森時任英國醫學研究中心主任,他在《自然》期刊上發表短文說明他的悲觀看法。不久,美國史丹佛大學利用廢棄的高能粒子坑道,實現自由電子X射線雷射,提供亞諾斯在2011年取得了一百萬張擬菌病毒(Mimivirus)的繞射圖[1],重建出擬菌病毒的三維結構。然而,其解析度只達30奈米(300Å),遠遠不如加州大學周正洪(Hong Zhou)用低溫電子顯微鏡所得一系列達3Å的20面體病毒的三維結構。其實,自由電子X射線雷射的弱點是光通量不足,原因是低溫電子顯微鏡的電子通量為每平方埃20個電子,換算成X射線光子,相當於每平方微米~10^{14} X射線光子。看來,自由電子X射線雷射要打敗低溫電子顯微鏡,光通量還得再努力至少四個數量級。

● 閃頻攝影法

若要保存原子解析度資訊,打在蛋白質樣品上的電子劑量不能超過每平方埃二十個電子,要想使影像的訊噪比極大化,必須把如此低通量的電子完全收集。韓德森在2005年對常用的底片和以感光耦合元件(charge-coupled device, CCD)製造的數位相機做出系統性分析,發現兩者收集率都不到一半,而底片比CCD略佳。韓德森當下便與核子物理學家合作,大膽引入互補式金屬氧化物半導體(complementary metal-oxide-semiconductor, CMOS)元件,設計直接電子數位相機,以提升

1　擬菌病毒直徑約為1微米的20面病毒。

量子偵測效率（detection quantum eciency）。到了2012年，共有三款CMOS數位相機問世，除了量子偵測效率大幅改良，其轉移數據速率比CCD數位相機至少快上十倍，在使用CMOS時不需限於一秒內曝光一張，而可以拍攝連續動畫，實現了閃頻攝影（stroboscopic imaging）[2]。早在1985年，韓德森和葛萊瑟就發現在低溫電顯下拍攝有機樣品影像會震動，導致原子解析度資訊模糊，但無機的蛭石就沒有這現象。CMOS的出現，除了提升量子偵測效率，也提供閃頻攝影和後續用物件移動修正，以救回原子解析度資訊的可能。物件移動修正法是2012年由加州大學的程亦凡與李雪明提出，他們選擇溫泉菌的蛋白酶體單粒子，用CMOS直接電子數位相機拍攝其影像，並開發出物件移動修正軟體（motion correction）救回其原子解析度資訊，成功得到解析度為3Å的蛋白酶體結構，重現X射線結晶學的結果。在此之前，蛋白酶體的低溫電顯重建僅能到達5Å，以致看不清蛋白質的支鏈。現在，通過直接電子數位相機和物件移動修正，低溫電子顯微鏡的解析度有革命性的躍升，而利用CMOS直接電子數位相機實現閃頻攝影似乎是韓德森無心插柳的結果。

● 法蘭克：薪火相傳的單粒子巨擘

法蘭克從無到有建立低溫單粒子重建的演算方法，算是單粒子電顯王國的建立者。近期才加入單粒子低溫電顯領域的工作者可能不認識法蘭克，這是因為大家現在都用英國醫學研究中心謝瑞斯（Scheres）開發出來的RELION軟體處理單粒子問題。其實，謝瑞斯的老師是卡拉佐（Jose Maria Carazo），而卡拉佐的老師正是法蘭克。

2　一種利用高速連拍抓住每個不動的瞬間的照相法。常見的例子是從一高速旋轉的轉盤上的小洞觀察高速旋轉的電風扇扇葉，可以看見不動或緩動的扇葉。

　　筆者與法蘭克的相識始於1998年，當時筆者遇到轉錄起始複合物無法有效結晶的挑戰，轉向單粒子方法求助，因而結識法蘭克。法蘭克師承德國電子顯微鏡大師霍普（Walter Hoppe），在1960~1980年間，霍普與克盧格分別發展三維電子顯微術，克盧格以20面對稱性病毒為材料，因有劍橋群英相助，迅速達陣。而霍普以核醣體為材料，單槍匹馬面對無對稱性的挑戰。結果，諾貝爾獎在1982年被克盧格抱走，霍普於1986年含恨而終。法蘭克繼承師志，繼續埋首研究核醣體，他在一年有四、五個月冰封的上紐約州立衛生局研究中心默默耕耘了整整三十年，直到2007年當選美國國家科學院士之後，於2010年年屆七十高齡才獲聘哥倫比亞大學教職。

　　法蘭克在1960年代末期加入霍普在慕尼黑大學的電子顯微鏡實驗室，很單純地只是要學習電子顯微鏡技術。發展單粒子重建之前，他展現了在影像分析上的天分。這個邂逅，始於一個偶然。德國是電子顯微鏡的發源地，戰後的西德受到美國馬歇爾計畫的支柱，快速復甦。即便如此，霍普的電子顯微鏡並未有防震裝置。霍普給法蘭克的博士論文是個不怎麼有趣的題目：如何把電子顯微鏡的球差參數量得很準。在數位電腦不發達的年代，法蘭克必須要把電顯負片用雷射光照射得到光學繞射圖，圖上一圈圈的黑圈即是對比轉移函數（contrast transfer function）的根所出現的地方，量出對比轉移函數的根的位置，就可定出顯微鏡球差參數。有一次，法蘭克發現一張奇特的底片，底片繞射顯出的對比轉移函數上有梳子狀的黑條紋，也就是楊式干涉條紋。楊式干涉的出現是因為在取像時樣品或機台經歷跳躍式的震動。法蘭克為重現這個偶然，竟調皮地在照相時故意踢顯微鏡！（筆者偶爾也遇過這種照片，但丟棄之）。單粒子重建的第一個挑戰是在沒有繞射點可依循的情況下

制定出解析度量尺。受到楊氏干涉啟發的法蘭克，定規出一個相干係數（cross correlation coecient）的函數，成為單粒子重建術的標準量尺。

　　經過二十年的努力，法蘭克在1995年完成了SPIDER（System for Processing Image Data from Electron microscopy and Related elds）軟體，並釋出給低溫電子顯微鏡社群免費使用。SPIDER是第一套能系統性處理低溫電子顯微鏡影像重建的軟體，最強大也最原創之處在於能把萬張角度隨機分布的單粒子影像，分成一群群角度十分近似的類（class）。其實，把分類用到低溫電子顯微鏡影像也是一個偶然，分類的概念和數學其實對電子顯微鏡社群是十分陌生的。法蘭克在1980年代初期到醫院健檢時，從醫檢人員分類血液樣品學到多變量統計學，並與一位來自荷蘭的學生范希爾（Mervin van Heel）攜手，把對應分析法導入核醣體影像的分類。這方法從掌握不清楚影像的輪廓特徵，加以歸類，導致噪音大幅降低，使單粒子影像的尤拉角可以被估計得出來[3]。

● 失之交臂

　　靠著發展單粒子重建方法，法蘭克在1990末期取得了大腸菌核醣體9Å的低溫電顯結構，使得生物學家第一次看見負責轉譯的分子機器中核醣核酸的分布。不但如此，法蘭克把低解析度核醣體結構，慷慨提供給X射線結晶學家，以助解決核醣體晶體繞射的相位問題。果然，在2000年，研究嗜熱菌和嗜鹽菌的結晶學家紛紛突破核醣體的原子解析度結構，並於2009年獲頒諾貝爾化學獎（以色列的尤尼斯、英國的拉曼科里西南及美國的史代斯）。結果，叫人扼腕的是法蘭克成為遺珠了！

3　由於輻射傷害對造影劑量的限制，單一影像的訊號噪音比常低（<1:10），以致無法決定其尤拉角，進行有意義的三維重建。

法蘭克並未因此消沉，他發現大腸菌核醣體低溫電顯解析度無法到達原子解析度的關鍵，是因為核醣體在水溶液中會進行布朗運動而不斷改變構型。為此，法蘭克與謝瑞斯合作，把最大可能性（maxima likelihood）引入單粒子重建，有效地把混在一起的構型分開。這個動作在謝瑞斯開發出來的RELION軟體上叫做三維分類（3D classication），是目前單粒子重建的標準步驟。靠著三維分類，法蘭克成功分解核醣體影像中的動態結構，在2013年破解大腸菌核醣體的原子結構，且為理解核醣體運動的時序，用微流道實驗設計時間解析低溫電顯術，使得我們能看到核醣體運動的原子細節。至此，尤尼斯和拉曼科里西南也放棄使用X射線結晶學來研究核醣體的傳統方法，因為實在太慢！而就在兩年前，北京清華大學的施一公院士與謝瑞斯合作，對剪接子低溫電顯影像進行三維分類，在短短三年內破解五個剪接子在形成中暫態的原子結構。

● 杜巴謝：有閱讀障礙的天才

筆者在2007年10月到瑞士的洛桑（Lausanne）短訪，搭乘小火車登上白雪皚皚的阿爾卑斯山馬特洪峰滑雪勝地。這年，杜巴謝從洛桑大學榮退。洛桑的秋天寒意甚濃，夜裡溫度已達攝氏零下，戶外由於低濕，冷冽卻不刺骨，是從事低溫電顯實驗的絕妙環境。上天似乎已為杜巴謝的成功提供了客觀條件，那麼法語區的歷史人文又帶給了杜巴謝什麼啟示？

筆者有幸在1998年參加歐洲分子生物實驗室每兩年一次的低溫電顯短期課程，並在海德堡歐洲分子生物實驗室聽杜巴謝講解玻璃態的冰形成的物理。筆者只記得他很帥，英文結巴且講話跳來跳去，但往往這樣的人是不世出的天才。其實，當時歐洲分子生物學社群早已盛傳杜巴謝

最終會因速凍法的發明——一個讓真空與水共存的革命性突破，而得到諾貝爾獎。基本上，電子顯微鏡的樣品必須在真空下被觀察。因此，傳統生物電顯要求樣品需乾燥後才能放入電子顯微鏡腔體中，但是乾燥必定會導致脫水而損壞生物分子的結構。若想要保存生物分子原態結構，必須想辦法保存水，而液態的水和氣態的水有蒸汽壓，並不能放入電子顯微鏡中。根據葛萊瑟和泰勒液氮溫度下蛋白晶體電子繞射的結果，闡明低溫下可以降低電子對生物分子保存的輻射傷害。看來，又要低溫又要無蒸氣壓的水，冰成為唯一的選項。數百年來，歐洲人關心復活的問題：如何把生物凍起來，解凍後讓生物再活過來？在上個世紀，有位叫盧耶（Father Luyet）的神父想要實現這樣的夢想，最終沒有成功。他發現阻礙是冰晶，並認為若是能讓超低溫的水玻璃化，就能可能實現他的夢想。不過，盧耶認為產生玻璃化的冰違反物理定律。

1980年時，與比魯茲分享諾貝爾獎的肯宙（John Kendrew）從英國到德國組織歐洲分子生物實驗室，亟需建立像英國醫學研究中心高水平的三維電鏡組。受到低溫電子繞射結果的鼓舞，肯宙雇用了來自洛桑大學理工學院的低溫高手杜巴謝，要他解決低溫電顯下保水的問題。杜巴謝考慮冰晶的形成，是一個熱力學過程，需要足夠的時間來達成平衡。但若待凍的水體積極小，造成降溫超快，水分子是不是就來不及排成晶體？

● 把水變玻璃

在科研之外，杜巴謝對人文有極深關懷。來自瑞士法語區的杜巴謝，熟稔法國大革命時動不動就把異議分子送上斷頭台的歷史。事實上，比起其他的處決工具，斷頭台算是最人道的方法，因為靠重力落下的鍘刀

在最後10幾公分的移動只需花上釐秒，痛苦最短。受到這樣的啟發，杜巴謝把電子顯微鏡網格架在斷頭台裝置上，在網格上的微米小洞滴上水滴使張成薄膜，再把網格墜入液態乙烷中，成功實現了玻璃態的冰。然而，杜巴謝第一篇投到《自然》期刊的文章被拒絕，理由是「你不可能改變自然規律」。文章最後由顯微鏡界的朋友伸出援手，發表在點數超低的 *Journal of Microscopy*。

由於乙烷的熱導比液氮更好，某一天杜巴謝的助手麥道衛（Alasdair McDowall）把液氮換成乙烷，使杜巴謝在低溫電顯下觀察到使用乙烷冷卻的樣品與之前用液氮看起來不一樣，以為是殘留乙烷固體。於是，他把樣品溫度提高到攝氏負150度，想要讓乙烷揮發掉，結果卻觀察到樣品中有冰晶長出來，證明在升溫前的冰的確是玻璃態。當時很多人都不相信杜巴謝，但在1991年獲得諾貝爾物理獎的介面物理大師德熱納（Pierre-Gilles De Gennes）當時從巴黎致電鼓勵。德熱納告訴杜巴謝說，若把亂度的貢獻考慮進去，玻璃冰的形成並不違反物理定律。四年後，杜巴謝把病毒速凍在玻璃冰中，用克盧格等人的三維重建技術得到了解析度為35Å的結構。如今，杜巴謝發明簡單又有效的製冰技術，不但三十年沒變，而且被FEI結合了控濕裝置做成體外印乾機（Vitrobot），成為低溫電顯樣品製備必備工具。且就在2016年，因直接電子相機之力，速凍在玻璃冰中的原態茲卡病毒的蛋白外鞘結構被羅斯曼（Michael Rossman）破解，解析度為3.5Å，再次證明玻璃冰保存原態結構的能力。

● 結語

誠如韓德森獲獎所言，他的獲獎並非個人榮耀，而是代表整個低溫電子顯微術社群。事實上，三位學者的共同點就是願意與社群分享他們

所開發的方法，讓別人踩在他們的肩膀上繼續向前走。低溫電子顯微術發展已經三十年，最近因直接電子相機帶來的解析度上的突破和自動化機台所克服的效率瓶頸，在短短三年內從冷門學問蛻變為解決蛋白質原子結構的主流技術。而相位片技術的突破，更使得小至肌紅蛋白（17 kDa）的原子結構也能由低溫電子顯微術獲得。目前，世界上頂尖大學和研究中心皆購置自動化低溫電顯作為必備儀器，連英美的X光同步輻射中心都購置多台，與光束線並列。看來生命科學將因低溫電子顯微術的爆紅，經歷量變而質變的革命[4]。

章為皓：中研院化學所

4　上一次是人類基因計畫（Human Genome Project）。

化學中的演化與革命

文｜林翰佐

2018年的諾貝爾化學獎其實很「生物」。
其中一半獎項授予阿諾德，另一半則由史密斯與溫特教授平分。
表彰他們以跨時代的創見，革新了化學及藥物的發展。

法蘭西絲・阿諾德
Frances H. Arnold
美國
加利福尼亞理工學院
（Caltech）

喬治・皮爾森・史密斯
George P. Smith
美國
密蘇里大學
（University of Missouri）

格雷格・溫特爵士
Sir Gregory P. Winter
英國
劍橋大學分子生物學實驗
室
（Aga Machaj, CC BY-SA 4.0, https://
bit.ly/2B6Qo05）

2018年的諾貝爾化學獎其實很「生物」。諾貝爾委員會宣布將獎項中的二分之一授予美國加州理工學院的阿諾德教授，另外二分之一則由美國密蘇里大學的史密斯教授與英國劍橋大學的溫特教授平分。以往獎金分配多半以均分處理，然而此次分配方式如此不尋常，筆者認為肇因於三位得獎者的研究其實主要可區分為兩條不同研究軸線，但這兩條軸線均以跨時代的創見，革新了化學及藥物的發展。

⦿ A (r)evolution of Chemistry

在諾貝爾獎委員會針對化學獎項發布所提出的公開說明中，特別用「化學領域中的演化與革命」（A (r)evolution of Chemistry）這樣的雙關語來表彰得獎者對人類福祉的貢獻，意旨得獎者所揭櫫的定向化學演化概念造就了化學界革命性的進展。不過說到這裡，各位讀者應該一頭霧水，在繼續說明得獎者的研究之前，筆者想先針對一個概念做一些解釋——演化（revolution）是什麼呢？

對於達爾文（Charles Robert Darwin）所倡議的演化論，相信大家都不陌生。演化論的核心論述是「適者生存」，能夠活於現世中多樣的地球物種，主要是因為適應地球環境所產生的成果；這樣的適應並不是勉強及格，而是要做到最好。從生態位（ecological niche）的觀點來看，世界上現存的所有物種都是不同生態位上的第一名，在競爭相類似生態位物種中趨於弱勢的物種，勢必在漫長的演化過程裡滅絕。

然而，演化論的觀點中並沒有提及「創造」的部分，自然界提供的僅是一種篩選上的趨力（selection force），使物種的演化有個大致的趨勢，透過物種族群變異，篩選生態位中最適合的物種。老子道德經中所述之「天地不仁，以萬物為芻狗」，大抵完善地詮釋此環境趨力的本質，而英

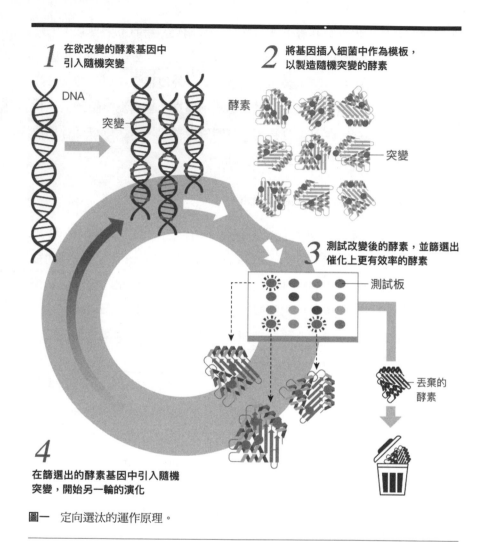

1 在欲改變的酵素基因中引入隨機突變

DNA

突變

2 將基因插入細菌中作為模板，以製造隨機突變的酵素

酵素

突變

3 測試改變後的酵素，並篩選出催化上更有效率的酵素

測試板

丟棄的酵素

4 在篩選出的酵素基因中引入隨機突變，開始另一輪的演化

圖一 定向選汰的運作原理。

國著名的演化生物學家道金斯（Richard Dawkins）曾以「盲眼鐘錶匠」
（the blind watchmaker）來說明這種演化趨力造就複雜生命結構體的可
能性。

◎ 人定勝天，還是順天而行？

以演化找尋蛋白質開發的方案，相信大多數的人都同意創造力是人
類與地球上其他動物間最大的差異。創造力是什麼？是一種抽象思考能
力，使人可以在未有實際經驗的情況下，重新定義事物與事物間的關聯
性。早在石器時代，人們便能運用聯想，以敲擊的方法打磨石頭邊緣，
並用其作為切割獸皮及肉品的工具。普遍上人們也認同，遠古人類的產
出並不是因為看過刀子後以石頭仿製而得。人類透過無限的創造力造就
相當多的奇蹟，如弓箭、蒸氣機或飛機等發明，甚至創造火箭把人類射
向太空。但是，隨著待解決問題的難度逐漸增加，人類是否擁有足夠的
能力再創奇蹟？這可衝擊著人們心中那「人定勝天」的自信。

◎ 蛋白質酵素的商機與難題

此次諾貝爾化學獎的「頭號人物」──蛋白質，是所有生物體運作的
工具。生命現象中的新陳代謝（metabolism），即身體所有化學反應的
總稱，這些細緻的化學活動幾乎全由蛋白質所構成的酵素參與促成。從
1970年代分子生物學技術的進步開始，科學家得以任意地針對DNA進行
剪裁，並透過基因轉殖技術（gene cloning），在大腸桿菌等生物中進行
表現（expression），此後人們便得以用微生物發酵的方式生產大量的人
工重組蛋白質（recombinant protein）作為後續研究、產業應用及醫療
臨床使用的基礎。

　　蛋白質是由胺基酸所構成的巨大化學分子，而地球生物中常見的胺基酸種類就高達二十種，所以整體蛋白質的分子結構是相當複雜的。蛋白質的立體結構與其生物化學活動息息相關，舉個例子來說，源自於水母基因的綠色螢光蛋白（green fluorescent protein, GFP），是生命科學研究當中常用的標示蛋白。為增進應用上的效益，生技公司透過修改綠色螢光蛋白中的胺基酸序列，更動其蛋白質的立體構型，改變蛋白質受紫外光照射下對激活電子的捕捉能力，從而改變放光（emission light）的波長，生產出黃色螢光蛋白（yellow fluorescent protein, YFP）及紅、黃綠和藍色螢光蛋白等產品。

　　當然這只是一個簡單的案例，多數科學家夢想中的待開發商品，都遠比上述的案例複雜許多，例如想要開發能於有機溶液環境下進行酵素水解反應的酵素（多數源自生物體內的酵素均僅適合在水環境下進行作用），或者針對特定蛋白質設計專一性的拮抗體（antagonist）分子進行酵素活性的阻斷等。即便在電腦科技發達的今日，科學家仍無法針對特定用途的蛋白質展開全然創造的設計工作。

◉ 師法演化的嘗試

　　人類在分子層次上對生命現象的理解，從1950年代華生（James D. Watson）與克里克（Francis HC Crick）二人對DNA應為雙股螺旋體的論述後便有著爆炸性的發展，包括DNA定序的方法與限制酶（restriction enzyme）的發現，都奠定分子生物學領域的研究基礎。科學家可藉由這些研究工具任意對DNA片段進行拼接，並透過大腸桿菌的幫助，生產出全然人工創造的重組蛋白。這些至今仍在使用的技術，將不同蛋白質中的功能區組合在一起，就像瑞士刀般集多種功能於一身，而經重組後的

蛋白質也具有更好的應用潛力。

分子生物學的急遽發展，吸引剛從加州大學柏克萊分校畢業的阿諾德博士，也讓她思考著開發特定用途的蛋白質酵素，應用於未來再生能源等項目的可能。夢想很美好，不過礙於蛋白質結構的複雜度，年輕的阿諾德很快便意識到執行上的困難性。

如果運用演化呢？揚棄「創造」的概念，藉由隨機（random）突變蛋白的生產，然後提供特定實驗環境條件下的篩選，有沒有機會可挑到進化後的新品系蛋白，作為後續應用科技的基礎？阿諾德嘗試以枯草桿菌蛋白酶（subtilisin）當材料，想提升其在有機溶液環境下的蛋白質水解能力。

透過實驗，阿諾德製造出許多不同突變型態下枯草桿菌蛋白酶的基因，並運用轉殖技術送入細菌當中進行表現，生產出變體蛋白，然後在35%二甲基甲醯胺的有機溶液中，檢驗這些變體酵素對牛奶酪蛋白的水解能力。能力出眾的菌種將會被挑出，並以其擁有的變種酵素基因為基礎，進行第二階段的誘導突變，然後再次於有機溶液的環境下驗證其水解能力。在三個篩選週期的實驗下，阿諾德成功篩選出一個催化能力已提升二百五十四倍的枯草桿菌蛋白酶變種品系，這證明利用定向演化（progressive evolution）篩選的方式開發新型態酵素的可能。

值得一提的是，變體蛋白與原始蛋白質間在胺基酸序列上一共有十個變異的位置，所造成蛋白質立體結構上的改變不是目前科學家可事前預測的結果。

時至今日，人類仍無法像其他工業的工程師，依照需求全然地設計化學分子與之因應。但阿諾德效法物種演化的概念，並廣泛應用於製藥產業上，使高度專一的蛋白質得以生產，這正是她榮獲諾貝爾獎殊榮的

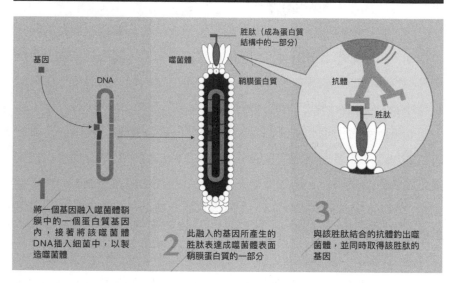

胜肽（成為蛋白質結構中的一部分）

噬菌體

基因

DNA

鞘膜蛋白質

抗體

胜肽

1 將一個基因融入噬菌體鞘膜中的一個蛋白質基因內，接著將該噬菌體DNA插入細菌中，以製造噬菌體

2 此融入的基因所產生的胜肽表達成噬菌體表面鞘膜蛋白質的一部分

3 與該胜肽結合的抗體釣出噬菌體，並同時取得該胜肽的基因

圖二　史密斯所發展的噬菌體展示系統。

重要原因。

◎ 眾裡尋他千百度──尋找欲開發蛋白質的雛形

　　2018年化學獎表彰的另一條研究主軸，是噬菌體展示系統（phage display）的相關研究。噬菌體（phages）是一種以細菌為宿主、DNA為遺傳物質的病毒；基於其基因體（genome）的結構簡單，分子生物學家以此為基礎進行基因上的改造，作為探索分子生物學的研究工具。早年研究細胞基因表現（gene expression）時所需構築的互補DNA資料庫（complementary DNA library），便是將噬菌體基因體中的閒置區域挖空後，裝填研究所需片段所組成。

先前提到，在阿諾德的研究裡，新型蛋白的開發是以既有蛋白質為基礎，這意味著還是需要有一個蛋白質雛型，再透過對其變種蛋白的篩選找到適合的候選者；但如果在開發時連蛋白質雛形都沒有，那就需要建立更有效率的研究方式進行「海選」。

史密斯所開發的噬菌體展示系統，便是基於上述考量開發出來的技術。透過分子生物學基因剪裁與黏合的操作，可以將一段DNA片段中所記載的胺基酸序列表現在噬菌體的尾巴上。學術界常形容蛋白質與其受體（substract）或其他蛋白質間的接觸有如鑰匙與鎖頭（key and lock），基於病毒在繁衍上的超凡能力（寄生一隻細菌便可釋放出數億個病毒顆粒），噬菌體表達技術可輕鬆生產數以億萬計的「鑰匙」，大大提高經配對海選找到「正確鑰匙」的機率。

◎ 溫特的神奇子彈打造對蛋白質更專一的辨識方法

從魚類以上，高等脊椎動物擁有一套特殊的免疫機制，可透過經驗針對特定病源執行針對性的打擊活動，稱之為專一性免疫系統。在這套免疫系統中，曾有「案底」的病原再度感染時，免疫系統會喚起前次免疫反應後沉睡的淋巴細胞，對其進行專一而有效的打擊，這其中包括生產能與抗原專一結合的抗體（antibody），進而中和（neutralize）病原作用，並進一步激化後續免疫反應，例如補體系統（complement system）反應或刺激白血球吞噬現象的調理作用（opsonization）。醫療上，抗體也常被用於臨床急症的治療，如治療毒蛇咬傷所注射的血清，其實就是抽取經毒蛇液注射後馬匹的鮮血所製成，應用血清中馬匹針對毒蛇毒液所生產的抗體，達到中和毒性的效果。

基於抗體在醫療上的應用潛力，人們開始思考人造抗體用於醫療的

可行性，舉凡魔術子彈（magic bullet）、飛彈療法（missile therapy）等等，皆是90年代科學界針對人工抗體的時髦說法。基於前述噬菌體表現系統的既有優勢，溫特將其進行改造，把抗體中辨認蛋白質的關鍵結構——抗原接合位（antigen binding site）表現於噬菌體中，搖身一變成為人工抗體的雛形。

人工抗體在醫療等領域的應用相當廣泛，基於生物免疫系統對不同化合物的差別敏感性，有別於使用單株抗體（monoclonal antibody）的製備，此技術在非蛋白質化合物的辨識抗體開發上（如開發檢測違禁毒品尿液檢驗的薄層層析試片）具有更大的優勢，並在針對癌症治療中標靶藥物的開發上，提供更為專一的辨識能力。

◎ 遺珠之憾

此外，2018年諾貝爾委員會的公開資訊中，也表彰了荷蘭科學家史坦姆（Willem P. C. Stemmer）在定向蛋白質酵素開發領域的貢獻；可惜的是，史坦姆於2013年離世，終與諾貝爾獎擦身而過。他設計一個稱為DNA洗牌（DNA shuffling）的技術，可透過聚合酶鏈鎖反應法（polymerase chain reaction, PCR）進行DNA的拼接，使得環境優勢特性得以在演化系統中更有效率地獲得凸顯，進一步改善阿諾德單線演化上的效率問題，終使演化的法則能夠在化學領域被運用得更好。

林翰佐：銘傳大學生物科技學系

2019

改變電器使用生態的鋰離子電池

文｜顏宏儒

2019年諾貝爾化學獎由英國化學家惠廷翰、
美國固態物理學家古迪納夫和日本化學家吉野彰三位獲獎，
得獎原因是「對鋰離子電池發展」的重大貢獻。

惠廷翰
M. Stanley Whittingham
英國
賓漢頓大學
（圖片來源：Stanford Energy，
https://commons.wikimedia.
org/wiki/File:Stanley_
Whittingham_2020.jpg）

古迪納夫
John B. Goodenough
美國
德州大學奧斯汀分校機械工程和材料系
（Cockrell School of Engineering,
The University of Texas at Austin）

吉野彰
よしの あきら,
日本
旭化成（株）吉野研究室
（Asahi Kasei）

全球的手機、平板、個人電腦、甚至電動車，大部分裝載著效能及穩定性較高的鋰離子電池，且這種電池也是可充電電池中最普遍的類型。大量應用在人類生活中的鋰離子電池，並非在研發之初就得到成功，而是歷經一代又一代的改良，才成為現在商用的模樣。

◎ 一切電池的源頭——伏打電池

現今大家常用的電池，其實和最早發展出來的電池相當不同。最早的電池開發於18世紀，義大利科學家伽伐尼（Luigi Galvani）將兩種不同的金屬連接，然後同時觸碰青蛙腿的兩處神經，意外產生火花且造成

萬千選擇中，為何非「鋰」離子莫屬？

鋰原子的平均原子量只有6.94，是最輕的金屬。此外，鋰的原子序是3，意即它帶有三顆電子；在電子排列時，鋰的第三顆電子落在最外層，相當容易被釋放出來，也就是說，鋰具有很大的驅動力把電子傳給別的原子，活性相當大（圖一）。

在人類追求高電容量、輕量化的儲能設備時，鋰離子電池是能夠符合需求的選擇。與車用的鉛蓄電池相比，在提供相同的能量下，它可以絕對地輕量，並達到無線化及無石化燃料社會的可能性。

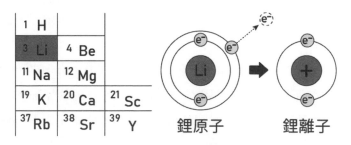

圖一　鋰最外層的電子易被釋出，並形成鋰離子。

蛙腿抽搐，他因此提出「動物電」的理論。

　　另一位義大利科學家伏打（Alessandro Volta）則很快地也重複該實驗，認為應該不是動物電，伏打更意識到青蛙的腿既是電的導體（即現今所說的電解質），便把青蛙的腿換成泡過鹽水的紙。後來他將鋅板和銅板交錯疊在一起，並在中間放了浸泡過鹽水的濕抹布，發現可以導電，進而開發出人類歷史上第一顆電池——伏打電池（voltaic pile）。

　　伏打電池運作的原理主要是因為兩種金屬的活性不同所發生氧化還原現象：鋅的活性比較大，較容易把電子丟掉而發生氧化反應（負極），被丟掉的電子沿著外面的電路傳到銅片上產生還原反應（陰極），因為電子流動了，所以可以導電。而濕抹布的角色被稱為「電解質」，負責傳導溶液中的離子，裡面的陽離子會在銅片這端得到電子而還原被析出，待陽離子全部析出後，電池的壽命也就結束，此原理被持續使用至今天的一次性電池，也就是碳鋅電池和鹼性電池。

● 充電新生活革命：關於鋰離子電池

　　人類在1970年代時意識到石油資源有限，不可能無止境地開發，所以開始尋求其他如太陽能、風能等再生能源的開發，希望為人類找到除了化石燃料外的替代能源。而通常再生能源都是無法連續的，必須設法將這些能源儲存下來。

　　當時艾克森石油（Exxon）公司投入了新能源的研究，惠廷翰就是在那時加入艾克森，並致力於開發最終能擺脫化石燃料的能源技術，成功發展出二硫化鈦（titanium disulphide），製成能將離子嵌入的超導體，作為電池的陰極（圖二），並使用鋰金屬作為電池陽極，利用鋰的強大動力釋放電子，讓電子在陰陽極間流動，製備出的電池只有銀幣般大小，

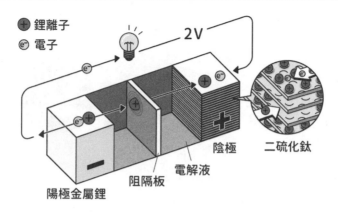

＋ 鋰離子
ｅ⁻ 電子

2V

陰極　二硫化鈦

電解液

阻隔板

陽極金屬鋰

圖二　以金屬鋰作陽極、嵌入離子的二硫化鈦作陰極的電池。

卻可提供太陽能手錶使用所需的電力。

　　但是，當他試圖想要提升電池的工作電壓或製作更大型的電池時，電池經常着火。雖然因鋰的活性太大、易爆炸而無法使用，但仍開發出首個具有充放電功能的鋰離子電池，為往後鋰離子電池的發展奠定基礎。

● 強化電壓的陰極材料——鈷酸鋰

　　承襲惠廷翰的研究，古迪納夫與日本學者水島公一（Koichi Mizushima）等人於1980年突破性地發明鋰離子電池的陰極材料——鈷酸鋰（$LiCoO_2$），讓電池可產生高達四伏特的電壓，是以二硫化鈦做為陰極材料的兩倍之多，為現代鋰離子電池做出了突破性及先驅性的貢獻，更為無線革命踏出決定性的一步（圖三）。以鋰鈷氧化物作為電池的陰極材料，不只能量密度大、重量輕、成本低，而且還可依設備的大小來製作。

　　得獎時為九十七歲的古迪納夫（John B. Goodenough）是美國德州

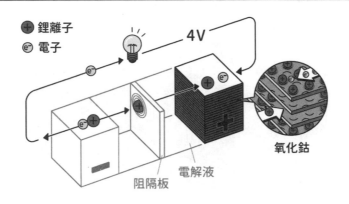

圖三 將電池陰極汰換為鈷的氧化物。

大學奧斯汀分校（University of Texas at Austin）教授，在2018年物理學獎得主美國學者亞希金（Arthur Ashkin）於九十六歲得獎之後，以九十七歲高齡刷新諾貝爾獎紀錄，成為最年長的得獎人。值得一提的是，得獎時九十七歲的古迪納夫至今仍醉心於電池研究，其團隊後來還發明了錳酸鋰（Li_2MnO_4）和磷酸鐵鋰（$LiFePO_4$）。2017年，古迪納夫更發展出「全固態」（all-solid-state）鋰離子電池，致力打造出體積更小、容積更大、更穩定的鋰離子電池，也讓他榮獲美國國家科學獎章（National Medal of Science）的肯定。

● 引頸企盼，終於商業化

　　日本化學家吉野彰是日本化學公司旭化成株式会社的研究員，並被視為現代鋰離子電池的發明者。1985年，吉野彰在古迪納夫的基礎上，使用石油焦（petroleum coke）取代金屬鋰作為陽極，創造出更穩定

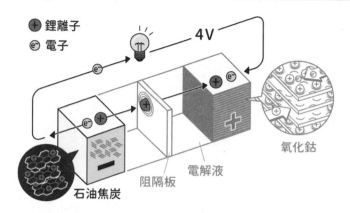

鋰離子
電子

4V

氧化鈷

電解液

阻隔板

石油焦炭

圖四　以石油焦作為陽極，更趨商業使用需求的電池自此誕生。

安全、體積更輕巧、在商業化上可行的鋰離子電池（圖四）。隨著索尼
（Sony）在1991年製造出世界上第一款商用鋰離子電池，也樹立一個在
成本、性能和可攜性上難以超越的電池結構，從此開啟行動電子設備的
革命，手機、照相機、手持攝影機乃至電動汽車等領域，陸續步入可攜
式新能源的時代。

◉ 鋰離子電池的「延壽」之路，未完待續！

鋰離子電池的技術在過去十幾年來大幅增進，能量密度、壽命及價
格都較以前來得有競爭力。然而，鋰離子電池並非毫無缺點。首先，它
並不是完全穩定的，其中液態的電解質高度易燃。另外，由於鋰離子電
池電極會隨着每次充放電而膨脹和收縮，慢慢會耗損電池中的鋰並使其
效能下降，壽命相當有限。因此，目前有非常多的新研究試著改變整個
體系，例如鋰硫電池、鋰空氣電池、固態電池，甚至還有許多非鋰系電

池的發展，如成本較低的鈉、鎂電池，以及壽命較長的鋁電池等，都正以不可思議的速度發展中。未來，或許也有機會看到更具有突破性的發展！

延伸閱讀：

1. 蔡蘊明，〈2019年諾貝爾化學獎簡介〉，2019年10月10日。
2. Ann Fernholm, They developed the world's most powerful battery, The Royal Swedish Academy of Sciences, 2019.

顏宏儒：中研院化學所

神奇的基因剪刀手CRISPR/Cas9

文｜黃子懿、陳佑宗

2020年諾貝爾化學獎得主道納與夏彭提耶，
研究細菌的CRISPR/Cas系統，
並研發出了一種簡單的基因編輯方法，
可望應用於許多領域。

珍妮佛・道納
Jennifer Doudna
美國
美國加州大學伯克萊分校
化學及分子生物系
（Photo credit to Keegan Houser, UC
Berkeley）

伊曼紐・夏彭提耶
Emmanuelle Charpentier
法國
德國馬克斯・普朗克病原
體科學研究單位主持人
（Photo credit to Hallbauer&Fioretti,
Braunschweig, Germany）

2020年諾貝爾化學獎由美國生化學家道納和法國微生物學家夏彭提耶共享殊榮，兩人因「開發編輯基因體的方法」而獲獎。事實上，兩位致力研究的是近年相當熱門的CRISPR/Cas基因編輯系統。接下來，我們將從CRISPR的源頭開始介紹，探討道納和夏彭提耶如何發現CRISPR/Cas運用於基因編輯的可能性，並舉例說明這項研究對生物與醫學領域的影響。

◉ 回到源頭——細菌基因體中神祕的重複序列

CRISPR/Cas系統最早在大腸桿菌基因體中被發現，科學家研究後推測這很有可能是細菌的免疫系統。若細菌被噬菌體感染後存活下來，該細菌就會切取一小段噬菌體的DNA，儲存於自己的CRISPR間隔序列中，如果未來再次遭受感染，這隻細菌就能以CRISPR/Cas系統辨識並摧毀噬菌體DNA。

1987年，日本科學家發現大腸桿菌（*Escherichia coli*）基因體中有不尋常的重複序列。這些片段的序列完全相同，具有回文性質（palindrome），且彼此間固定間隔一段特殊序列。後來，科學家發現這是原核生物基因體中常見的結構，便依其特性而命名為常間回文重複序列叢集（Clustered Regularly Interspaced Short Palindromic Repeats, CRISPR）。

之後，科學家推斷這段重複序列像是細菌的免疫系統，當細菌遭噬菌體感染卻幸運存活時，便會切取一小段噬菌體的DNA，並儲存於CRISPR之間的間隔序列（spacer）。如果未來再次遭到感染，由這些間隔序列和CRISPR重複序列所轉錄出的crRNA（CRISPR RNA），會連同一群稱為Cas的蛋白質去識別此噬菌體，並摧毀其DNA，科學家稱此破壞噬菌體基因的過程為干擾（interference，圖一）。

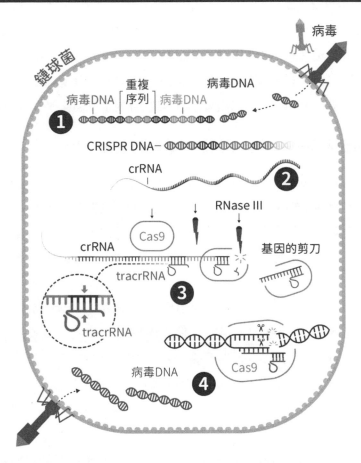

1. 細菌切割噬菌體DNA（圖中彩色序列），並將其插入CRISPR重複序列（黑色）中儲存。

2. 整段CRISPR DNA被轉錄為一長串RNA。

3. tracrRNA和crRNA重複序列配對結合，同時Cas9會和兩者形成複合體。之後，RNase III將此長串RNA切割，產生能針對不同噬菌體的防禦武器。

4. 當細菌再度被之前遇過的噬菌體感染時，crRNA可以和噬菌體DNA結合，使Cas9切斷其DNA，達到保護的作用。

在不同細菌中，CRISPR/Cas的運作模式也不盡相同，主要可以分為兩大類：Class I和Class II。兩者最大的差異在於進行干擾時，Class I需要多種Cas蛋白共同參與，有的負責鎖定目標核酸，有的則負責切割。而Class II則較為簡潔，只需要一種具有多個區域（domain）的Cas蛋白，就像是融合多種工具的瑞士刀，能執行干擾過程所需的各種功能。然而，細菌這樣的機制和基因編輯該如何產生關聯？這正是道納、夏彭提耶和她們團隊的重要突破。

○ 道納好奇接觸CRISPR

在夏威夷長大的道納，自幼即對大自然充滿疑問與好奇，中學時，她讀了諾貝爾生理醫學獎得主華森的著作，而激發她對生物化學的興趣。1994年，她在耶魯大學成立實驗室，兩年後即因確定一種RNA酶（ribozyme）的結構，而發表於《科學》期刊並獲得學界關注。之後，她到加州大學柏克萊分校繼續研究RNA及RNA干擾（RNA interference, RNAi）。在那裡，她第一次接觸到CRISPR這個當時相當冷門的領域。

2006年，同在柏克萊分校的地球科學家班菲爾德（Jillian Banfield）來電，想邀請道納加入研究CRISPR的行列。完全沒聽過這個名詞的道納閱讀了當時相當有限的資料，好奇於這特殊的干擾機制以及Cas酵素的潛在功能，於是她答應了邀約，並著手研究Class I CRISPR/Cas。2009年，她的團隊發現一種能切割DNA的Cas1蛋白，並推測這種酵素可將噬菌體DNA插入CRISPR陣列中，等同免疫記憶的形成。之後，她逐漸將重心放在Cas蛋白如何切割病毒DNA。儘管屢有突破，但道納知道自己研究的局限性，她希望能更瞭解較為簡潔的Class II CRISPR/Cas，而遇見夏彭提耶正好提供了新的研究機會。

● 夏彭提耶與化膿鏈球菌

　　遠在地球另一頭的夏彭提耶，成長於法國巴黎附近的小鎮，小時候即立定志向希望能對醫藥界有所貢獻。曾在1996年至美國紐約洛克斐勒大學（Rockefeller University）和微生物學家托曼能（Elaine Tuomanen）研究肺炎鏈球菌（*Streptococcus pneumoniae*），托曼能曾稱讚她「總在尋求基因體中的意外發現」。2002年她返回歐洲，在維也納大學（University of Vienna）研究化膿鏈球菌（*Streptococcus pyogenes*）的致病性，她也開始思考CRISPR的機制。由於她的團隊先前曾找到調節化膿鏈球菌致病因子的RNA，使她開始好奇化膿鏈球菌基因體中哪些區域會轉錄出調節RNA（regulatory RNA），以及這些區域和CRISPR是否有關聯。

　　和同事佛格爾（Jörg Vogel）合作下，他們意外觀察到一種大量表現且當時未知的非編碼RNA（non-encoding RNA），位置在CRISPR陣列上游，且轉錄方向相反，他們稱之為tracrRNA（trans-activating CRISPR RNA）。進一步研究tracrRNA的序列，發現其會和crRNA配對在一起。之後，他們利用實驗證明tracrRNA和crRNA的成熟相關，且此機制涉及Class II CRISPR/Cas的Cas9蛋白（舊稱Csn1）。此研究成果於2011年刊登在《自然》期刊上，由於過去科學界並沒想過CRISPR系統可能有兩種RNA分子共同參與，因此引起熱烈討論。

● 跨國團隊——《科學》期刊的震撼彈

　　2011年春天，道納與夏彭提耶兩人一同到波多黎各參加美國微生物學會的年會。素昧平生的兩人，在共同朋友介紹下相識，兩人漫步於波

多黎各首府聖胡安舊城區，並聊起了自己的科學研究。夏彭提耶於是向道納提出合作計畫，希望結合道納在生物化學與結構生物學知識，一同釐清Cas9蛋白的功能。受到化膿鏈球菌中Class II CRISPR/Cas吸引，道納很快接受了邀請，仍在柏克萊做研究的道納，便與剛搬到瑞典于默奧大學（Umeå universitet）的夏彭提耶開啟了跨國合作。

當時已經知道Cas9對於細菌的CRISPR免疫運作相當重要，但其真正的角色仍不明朗，由過去文獻以及Cas9胺基酸序列分析，兩人的跨國團隊推測Cas9應該會受到crRNA引導而切割外來DNA。於是，道納的實驗室利用重組DNA的技術，在大腸桿菌中生產大量的Cas9，再利用不同的層析方式純化出Cas9。接著，他們將Cas9、病毒DNA與crRNA（其序列能和一段病毒DNA互補）混合，檢驗其假說是否正確。遺憾的是，實驗結果顯示病毒DNA並未受到切割。儘管如此，他們並未氣餒，不久後便有了重要發現：多加入夏彭提耶等人先前找到的tracrRNA，便能使Cas9切割病毒DNA上和crRNA互補的序列！

接下來，兩人的團隊便好奇：是否可以透過改寫RNA序列來引導Cas9切割任何DNA？為了測試此推測，他們首先設計一段RNA來連結crRNA和tracrRNA，這段RNA會形成像髮夾的特殊立體結構（hairpin），使得crRNA和tracrRNA原本互補配對的結構不會受到影響，這樣的合體RNA稱為單一嚮導RNA（single-guide RNA, sgRNA，舊稱single chimeric RNA）。接著，他們從綠螢光蛋白（green-fluorescent protein, GFP）的基因挑選五段二十個鹼基對長的序列，依次合成五個單一嚮導RNA，再將Cas9、sgRNA和帶有GFP基因的質體混合。結果顯現所有GFPDNA都如預期地被切斷，這表示他們開發了一種只需兩個零件（Cas9和sgRNA）的基因編輯工具！興奮的團隊隨即統整實驗結果，

將研究文章投稿至《科學》期刊，短短二十天內即刊登，震撼科學界。幾乎在同一時間，立陶宛的希克席尼（Virginijus Šikšnys）團隊亦發表了類似的結果，卻成為2020年諾貝爾獎的遺珠。

◉ CRISPR/Cas的未來與應用

CRISPR/Cas相較於過去其他基因編輯工具（如鋅指蛋白或TALEN）更為簡便，只需更改sgRNA前端二十個鹼基對的序列，便能標靶不同基因，甚至能同時編輯多個基因。如今，有眾多科學家嘗試將CRISPR/Cas應用於不同層面，除了過去常提及的基因治療（gene therapy，見表一）和農作物改良外，在生物及醫學還有更多應用。例如有團隊用CRISPR/

CRISPR-Cas基因治療臨床試驗舉例

疾病	臨床試驗階段	國家	試驗公司／醫院	臨床試驗編號
鎌刀型紅血球疾病（sickle cell disease）	Phase I	美國與歐洲多國	Vertex Pharmaceuticals 和 CRISPR Therapeutics	NCT03745287
乙型地中海型貧血（β-Thalassemia）	Phase I/II	美國、加拿大與歐洲多國	Vertex Pharmaceuticals 和 CRISPR Therapeutics	NCT03655678
第十型萊伯氏先天性黑蒙症（Leber's Congenital Amaurosis type 10, LCA10）	Phase I/II	美國	Allergan和 Editas Medicine, Inc.	NCT03872479

Cas9在蚊子中進行基因驅動（gene drive），這是一種能使特定基因在族群中快速傳播的基因工程。他們修改蚊子某個和繁殖有關的基因，使其不孕，再將少數基因修改過的蚊子放入野生型蚊子的籠子中，成功在八到十二代內使整個族群不孕，這項技術有望用於防治蚊子傳染的登革熱、瘧疾等疾病。事實上，比爾及梅琳達·蓋茲基金會（Bill & Melinda Gates Foundation）底下的瘧疾計畫（Target Malaria），即投入高達7500萬美元研究CRISPR/Cas9基因驅動。

　　CRISPR-Cas已漸漸走到臨床應用上，但目前仍處於臨床試驗早期，離實際應用還有一段距離。除了表中列出的遺傳疾病外，有些團隊則嘗試將CRISPR-Cas結合免疫療法，未來有望用於癌症治療。

　　另外，哈佛大學的邱吉（George Church）則成功利用CRISPR-Cas9剔除豬基因體中六十二段序列。這些序列主要為內源反轉錄病毒序列（endogenous retrovirus），是移植豬器官至人體的一阻礙。邱吉之後更創立了eGenesis公司，持續進行此計畫。如果未來成功剔除所有相關序列，可藉此提高豬器官移植的安全性，來幫助等不到合適器官捐贈的病人。由上述可見，CRISPR-Cas豐富的應用，勢必將持續影響生命科學及醫學的研究發展。

● 純然的好奇心與意外的解答

　　CRISPR-Cas的研究最初只是來自純然的好奇心，想瞭解細菌所演化出的巧妙防禦機制，卻意外找到基因編輯的工具，對於生物醫學領域造成衝擊。如同道納在受獎後所言：「問題的解答常來自意外的方向。」2020年諾貝爾獎給予CRISPR-Cas肯定，說明了基礎研究的重要性，也見證了自然萬物的奧妙。相信未來會有更多科學家，憑著好奇心、原創性和團

隊合作，在基礎科學研究中找到重要突破。

延伸閱讀：

1. Elitza Deltcheva *et al.*, CRISPR RNA maturation by *trans*-encoded small RNA and host factor RNase III, *Nature*, 471(7340), 602-607, 2011.

2. Giedrius Gasiunas *et al.*, Cas9–crRNA ribonucleoprotein complex mediates specific DNA cleavage for adaptive immunity in bacteria. *Proceedings of the National Academy of Sciences*, 109(39), E2579-E2586, 2012.

3. Martin Jinek *et al.*, A programmable dual-RNA–guided DNA endonuclease in adaptive bacterial immunity. *Science*, 337(6096): 816-21, 2012.

黃子懿：臺灣大學醫學系二年級生
陳佑宗：臺灣大學基因體暨蛋白體醫學研究所

建構分子的巧妙工具——
不對稱有機催化

文｜陳榮傑、邱奎維

2021年諾貝爾化學獎得主李斯特和麥克米倫，
讓人們可以依情況設計、合成適當的催化劑，
使得不對稱有機催化領域在近二十年間飛快成長，
更影響了新藥物開發、香水工業、光電材料等製程。

本亞明・李斯特
Benjamin List
德國
馬克斯・普朗克學會煤炭
研究所
（Photo by Frank Vinken, MPI für
Kohlenforschung）

大衛・麥克米倫
David W. C. MacMillan
英國、美國
普林斯頓大學化學系
（Photos by Princeton University,
Office of Communications, Denise
Applewhite (2021)）

2021年諾貝爾化學獎由德國化學家李斯特及蘇格蘭裔美國化學家麥克米倫共享殊榮，以表彰他們在發展「不對稱有機催化」（asymmetric organocatalysis）方面的貢獻。

　　過去在驅動不對稱反應時，大多需依靠酵素或是有機金屬化合物（organometallic compound）作為催化劑。前者是由蛋白質構成，考慮到其變性或失去活性的可能，能應用的條件範圍較有限；後者則常對水、氧等因素敏感，且容易造成環境汙染或具有毒性。因此，有機催化的發展開闢了第三條道路，人們可以依情況設計並自行合成適當的催化劑，在近二十年間吸引了眾多化學家投入，並有了飛躍式的成長。目前不僅是相當熱門的研究領域，對於新藥物開發、香水工業、光電材料等製程也至關重要。

　　諾貝爾化學委員會成員，身兼瑞典隆德大學（Lund University）化學系分析與合成中心（Center for analysis and synthesis, CAS）教授的紹姆福伊（Peter Somfai）比喻：「有機催化之於有機化學領域，就像在西洋棋中新增了一顆棋子，不僅自己有獨樹一幟的移動方法，且會連帶產生許多與其配合的新戰術。」若想要理解2021年諾貝爾化學獎的內容，我們可以從下列幾個面向來探討。

● 手性與鏡像／光學異構物

　　目前已知有上億種化合物，通常我們能藉由它們自身的性質予以區分，例如顏色、質量、密度、溶解度、熔沸點、折射率等。但如果存在兩個化合物上述性質皆一致，我們就能稱它們是完全相同的嗎？

　　1848年，法國生物化學家巴斯德（Louis Pasteur）的研究，證實了另一種分子特性「旋光度」（specific rotation）的存在。他發現酒石酸

（tartaric acid）具有兩種晶體，且分別可以使平面偏振光往相反方向旋轉，但若將兩者等量混合則無法展現此性質。隨後在1874年，法國化學家勒貝爾（Joseph Le Bel）和荷蘭化學家凡特荷夫（Jacobus van't Hoff）指出，原子在空間上的排列差異是等值異號旋光度的來源：以碳原子為例，若接上四個不同的原子或官能基團，我們稱這個碳原子是一個「手性中心」（chiral center）且具備了「手性」（chirality）。

此時會產生兩種可能的結構，且彼此互為鏡像異構物（enantiomers，亦稱光學異構物）。就像我們的左右手，食指在大拇指和中指間，拇指和小指處於最外側，能做的事基本上差不多，但終究不完全相同。同理，一組鏡像異構物中所有原子或基團之間即使相對位置相同，兩者卻無法完全重疊。

對於鏡像異構物來說，除了旋光度以外的物理性質皆一致，進行一般化學反應時也會有相近的反應性，只有在手性環境下兩者的差異才會顯現出來。就像與人握手時，理論上左右皆可，但當對方伸出右手時你也必須出右手，出左手的話就會顯得很彆扭。人體也是一樣，由於胺基酸和醣類大多具有手性，所以可以把人體視為一個手性環境，也意味著我們其實有辨別鏡像異構物的能力。舉例來說，左旋香芹酮（carvone）聞起來是清新的薄荷味，而它的鏡像右旋香芹酮則是較辛辣的藏茴香（Trachyspermum ammi）氣味；左旋檸檬烯（limonene）聞起來像檸檬，而右旋檸檬烯聞起來像橘子（圖一）。而在藥物上也會有類似的情形，例如左式右旋抗壞血酸（ascorbic acid）參與膠原蛋白的合成，又稱為維生素C，但右式左旋抗壞血酸則不具任何生理活性。

鏡像異構物的誤用可能導致嚴重的後果，例如1950至1960年代著名的「沙利竇邁藥害事件」（Thalidomide scandal）。沙利竇邁

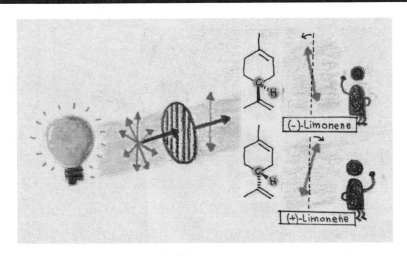

圖一　檸檬烯的結構與旋光性質。對於鏡像異構物來說，左旋與右旋異構物除了「旋光度」以外的物理性質皆一致，進行一般化學反應時也會有相近的反應性，只有在手性環境下兩者的差異才會顯現出來（類似圖右小人姿勢相同方向相反的情況），例如左旋檸檬烯（上）聞起來像檸檬，而右旋檸檬烯（下）聞起來像橘子。（黃柔潔提供）

（Thalidomide）當時被作為緩解孕婦妊娠時孕吐的治療藥物，但它的鏡像異構物卻會干擾胎兒四肢發育，曾導致上萬名畸形兒產生。因此，如何精準的建立每一個掌性中心是如此重要，所以「不對稱合成」（asymmetric synthesis）是許多有機化學家高度關注的課題。

◉ 不對稱合成

　　但什麼是「不對稱合成」？不對稱合成即意味著要「選擇性」的建構新的立體中心。概括來說有四種策略：

一、「借力使力」，利用分子本身的手性引導

二、使用手性反應試劑或掌性溶劑

三、使用手性輔助基（chiral auxiliary）

四、使用手性催化劑

　　第一種方法在合成天然物的過程中時常能看見，畢竟天然物通常具有多個立體中心（stereocenter），但往往可遇不可求。第二與第三種方法在上個世紀後半相當熱門，例如烏克蘭裔美籍猶太人化學家，同時也是1979年諾貝爾化學獎得主布朗（Herbert Brown）開發的手性硼烷（diisopinocampheylborane），以及美國著名的有機化學家埃文斯（David Evans，麥克米倫博士後研究時期的指導教授）開發的噁唑啶酮手性輔助基（chiral oxazolidinone auxiliary）。雖然具有相當的應用價值，但在反應中需要投入等當量或過量試劑，使用成本較高。

　　第四種方法則是將手性因子降低至催化量，可以提高經濟效益。過去常見的手性催化劑又可大致歸類為酵素或是金屬加上有機手性配體，不少化學家在這個領域中也獲得顯著成就。例如1994年的沃爾夫化學獎（Wolf Prize in Chemistry）頒給了研究催化性抗體（abzyme，亦稱抗體酶）的美國化學家舒爾茨（Peter Schultz）和勒納（Richard Lerner，李斯特博士後研究時期的指導教授）；2001年的諾貝爾化學獎，則是頒給了發展不對稱催化氧化／還原方法的美國化學家夏普萊斯、日本化學家野依良治，以及美國化學家諾爾斯。雖然這些方法有催化劑本身穩定度、金屬成分對環境較不友善等局限性，但仍是不可忽視的巨大成就。

◎ 有機催化與不對稱有機催化

有機催化顧名思義，就是以簡單的有機小分子作為催化劑使用。這部分的歷史，最早可以追溯到德國化學教育之父李比希（Justus von Liebig）在1860年的研究。常溫下水解氰（cyanogen）能產生氰化氫（HCN）、二氧化碳、氨（NH_3）的混合物，但李比希發現，若於此反應中加入些許乙醛（C_2H_4O）作為催化劑，幾乎能完全將氰轉換成乙二醯二胺（$C_2H_4N_2O_2$）。

此後一百多年間，偶爾也有人發表有機催化的研究結果。例如在1912年時，就曾有化學家指出，奎寧（quinine）和奎尼丁（quinidine）能在氰化氫與苯甲醛（C_7H_6O）的加成反應過程中，產生微弱的立體選擇性（stereoselectivity）。和奎寧一樣運用氫鍵來拉近分子的，還有1998年由美國有機化學家雅各布森（Eric Jacobsen）篩選出的一些尿素（urea）或硫脲（thiourea）衍生物，能高選擇性的催化一些有機反應。

1970年初，有兩個藥廠團隊發現L-脯胺酸（proline）是合成維蘭德—米歇爾酮（Wieland-Miescher ketone）[1]的良好催化劑，後人稱之為HPESW反應。較可惜的是，他們並沒有對此繼續相關的研究。總體來說，有機催化的方法雖不斷地被發現，但基本上都只是零星個案，鮮少對反應機構有深入全面的研究，或是進一步開發新一代的有機催化劑。直到

---

1 維蘭德—米歇爾酮是一種雙環二酮（bicyclic diketone）化合物，以兩位化學家米歇爾（Karl Miescher）和維蘭德（Peter Wieland）為名，此化合物廣泛用做天然物，如類固醇類和萜類化合物，全合成的前驅物。

維蘭德—米歇爾酮

2000年初，李斯特和麥克米倫的研究才打開了這扇大門。

◉ 殊途同歸的研究內容

　　李斯特在美國斯克里普斯研究所（Scripps Research Institute）工作時，做的是以催化性抗體進行羥醛反應（aldol reaction）的研究。當時他就想過：「如此大的一個蛋白質分子，能夠催化反應的位點也僅僅是一個胺基酸單元，那是否能用單一胺基酸來取代整個蛋白質？」後來

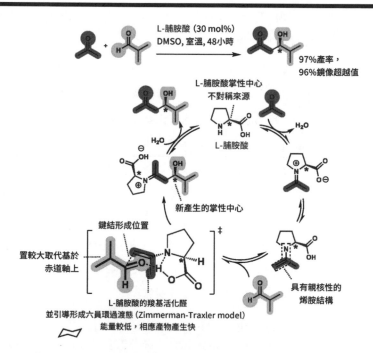

圖二　L-脯胺酸不對稱催化羥醛反應的原理。李斯特發現，將催化量L-脯胺酸投入羥醛反應時，不僅能夠有效推動催化循環，還具備相當好的立體選擇性。

李斯特發現，將催化量L-脯胺酸投入羥醛反應時，不僅能夠有效推動催化循環，還具備相當好的立體選擇性（圖二）。回到德國後李斯特繼續針對此反應的機轉進行研究，證實脯胺酸會先與醛進行縮合反應產生烯胺（enamine）。與原本的反應中間體烯醇（enol）相比，由於脯胺酸上氮原子的孤電子對能量較高，使其最高佔有分子軌域（Highest Occupied Molecular Orbital, HOMO）的能量隨之提高，因此有加速親核反應的效果。此外，羧酸基能夠透過氫鍵將另一分子醛以適當的位向拉近，形成六員環過渡態（Zimmerman-Traxler model），方能進行立體控制。有趣的是，李斯特的曾祖父伏爾哈德（Jacob Volhard）曾經是李比希的博士班學生，李斯特可以說是在有機催化領域裡承先啟後。

　　另一位獲獎者麥克米倫在哈佛大學工作時，進行的是過渡金屬加上掌性配體雙噚唑啉（bisoxazoline ligand, BOX ligand），做為路易士酸（Lewis acid）催化羥醛反應的研究。他回憶道：「當時經常要站在手套箱前，隔著一層玻璃在隔絕水氧的環境下取藥或操作實驗，一切相當地不便。其實這些化學反應在自然界中也會發生，但大自然可不需要手套箱。」

　　因此在離開哈佛大學後，他開始著手關於不對稱有機催化的研究。麥克米倫與他的研究團隊由L-苯丙胺酸（phenylalanine）合成出第一代麥克米倫催化劑，並將它應用在狄耳士─阿德爾反應（Diels-Alder reaction，圖三），結果有相當高的產率與鏡像超越值（enantiomeric excess）。催化劑上的二級胺，能與不飽和醛／酮的羰基脫水、縮合，產生帶有正電的亞胺離子（iminium ion），與原本羰基相比，最低未佔用分子軌域（lowest unoccupied molecular orbital, LUMO）的能量被拉低，因此有加速親電子反應或電環反應的效果，與原本利用路易士酸配位在羰基氧原子上的原理大致相同。再加上催化程序中，亞胺離子固著

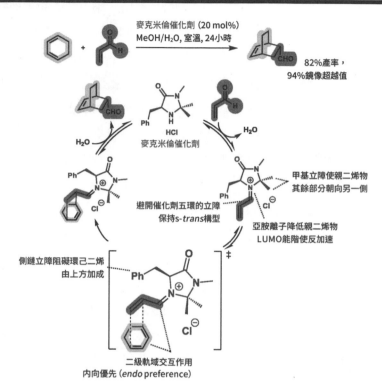

圖三 麥克米倫催化劑不對稱催化狄耳士－阿德爾反應。麥克米倫與他的研究團隊，由 L-苯丙胺酸合成出第一代麥克米倫催化劑，並將它應用在狄耳士－阿德爾反應，結果有相當高的產率與鏡像超越值。

在分子上，能夠利用催化劑上具有的立體障礙去引導、形成選擇性。

西元 2000 年後，李斯特與麥克米倫不斷發掘能以烯胺／亞胺離子催化的有機反應，例如具有立體選擇性的曼尼希反應（Mannich reaction）、麥可加成反應（Michael addition）等，不對稱有機催化也一躍成為熱門的研究領域。雖然雅各布森等人發展的尿素、奎寧衍生物，

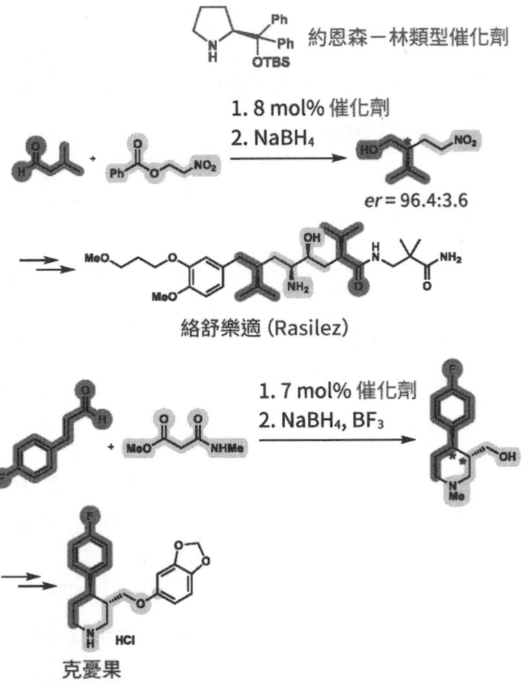

約恩森—林類型催化劑

1. 8 mol% 催化劑
2. NaBH₄

er = 96.4:3.6

絡舒樂適 (Rasilez)

1. 7 mol% 催化劑
2. NaBH₄, BF₃

克憂果

圖四 約恩森—林類型催化劑在藥物合成中的應用。使用有機催化劑能避免藥物製程後期，一些微量金屬試劑殘留可能導致的毒性或其他副作用，對於藥物開發有莫大幫助。如約恩森－林類型催化劑能由脯胺酸合成，其類似物能應用於抗憂鬱藥物克憂果，與降血壓藥物絡舒樂適的合成。

在不少反應中也有優異的產率與選擇性，但可惜的是氫鍵作用力並不那麼直觀，而烯胺／亞胺離子形成共價鍵的催化原理，讓化學家較容易加入自己的想法重新設計，發展空間較為寬廣。

　　一般在藥物製程後期，會盡量避免使用金屬試劑，因為這些微量殘留的金屬可能具有毒性或造成其他副作用。若使用有機催化就能夠避

免這樣的問題，對於藥物開發有莫大幫助。舉例來說，約恩森—林類型催化劑（Jørgensen-Hayashi type catalyst）能由脯胺酸合成，其類似物能應用於抗憂鬱藥物克憂果（Paroxetine）與降血壓藥物絡舒樂適（Aliskiren）的合成（圖四）。

◉ 兩人近期發展

麥克米倫曾說：「化學家不應去最佳化或鑽研已知的反應，而該盡可能試著創造一些前所未見的事情。」這二十年間他們持續開疆闢土，開發一些既新奇有趣又實用的催化反應。李斯特發展一系列聯萘酚（binol）的磷酸衍生物，搭配兩個兩號位上的立體障礙，可限制目標反應在一個具有手性（C2對稱）的小空間裡被催化，為手性布忍斯特酸（chiral Brønsted acid），就像是一個小型的人工酵素。

而麥克米倫則是透過氧化反應，拿走一個手性烯胺HOMO結構中的電子對，形成單一佔有分子軌域（Singly Occupied Molecular Orbital, SOMO），此自由基亦會因為氮上孤電子對的影響，而具有較高能量利於進行不對稱反應。至於自由基的回收與再生成，麥克米倫受到植物能利用可見光行光合作用的啟發，以添加光敏試劑的方式來完成此一催化循環。

◉ 留心身邊的事物，捕獲周遭的靈感

有機催化的發展不僅是一個全新領域，也讓化學家在設計合成路徑時也能更具彈性與「美感」。宣布化學獎得主後，記者問到：「如果不對稱有機催化的概念簡單又好用，為何經過如此久才開始發展？」紹姆福伊回答：「有時候問題的答案隨處可見又過於顯然，以至於我們忽略了

它。」留心身邊的事物，捕獲來自大自然的靈感，皆能幫助我們在研究的道路上有所突破。

延伸閱讀：

1. Benjamin List, Richard A. Lerner and Carlos F. Barbas, Proline-Catalyzed Direct Asymmetric Aldol Reactions, *Journal of the American Chemical Society*, Vol.122 (10):2395-2396, 2000.

2. Kateri A. Ahrendt, Christopher J. Borths and David W. C. MacMillan, New Strategies for Organic Catalysis: The First Highly Enantioselective Organocatalytic Diels-Alder Reaction, *Journal of the American Chemical Society*, Vol.122:4243-4244, 2000.

3. Gabriel J Reyes-Rodríguez *et al.*, Prevalence of Diarylprolinol Silyl Ethers as Catalysts in Total Synthesis and Patents, *Chemical Reviews*, Vol.119(6):4221-4260, 2019.

陳榮傑：中研院化學所副研究員
邱奎維：中研院化學所研究助理，臺大化學系畢

21世紀諾貝爾化學獎
2001-2021

作　　者　科學月刊社
副總編輯　成怡夏
責任編輯　成怡夏
行銷總監　蔡慧華
封面設計　白日設計
內頁排版　宸遠彩藝

社　　長　郭重興
發行人暨
出版總監　曾大福
出　　版　遠足文化事業股份有限公司　鷹出版
發　　行　遠足文化事業股份有限公司
　　　　　231新北市新店區民權路108-2號9樓
電　　話　（02）2218-1417
傳　　真　（02）2218-8057
客服專線　0800-221-029

法律顧問　華洋法律事務所　蘇文生律師
印　　刷　成陽印刷股份有限公司
初版一刷　2022年5月

定　　價　380元

國家圖書館出版品預行編目（CIP）資料

21世紀諾貝爾化學獎：2001-2021/科學月刊社作.
-- 初版. -- 新北市：遠足文化事業股份有限公司鷹出版：
遠足文化事業股份有限公司發行, 2022.05
　面；　公分
ISBN 978-626-95805-5-2（平裝）
1. 化學　2. 諾貝爾獎　3. 傳記
340.99　　　　　　　　　　　　111004792